中央民族大学"985工程"
中国当代民族问题战略研究基地
民族发展与民族关系问题研究中心
博士文库

生态重建的文化逻辑

——基于龙脊古壮寨的环境人类学研究

SHENGTAI CHONGJIAN
DE WENHUA LUOJI

付广华 著

中共民族大学出版社
China Minzu University Press

图书在版编目（CIP）数据

生态重建的文化逻辑：基于龙脊古壮寨的环境人类学研究/付广华著. ——北京：中央民族大学出版社，2013. 6
ISBN 978 - 7 - 5660 - 0369 - 0

Ⅰ．①生…Ⅱ．①付…Ⅲ．①人类环境—研究—龙胜县
Ⅳ．①X21

中国版本图书馆 CIP 数据核字（2013）第 035715 号

生态重建的文化逻辑
　　——基于龙脊古壮寨的环境人类学研究

著　　者　付广华
责任编辑　满福玺
封面设计　汤建军
出 版 者　中央民族大学出版社
　　　　　北京市海淀区中关村南大街 27 号　邮编：100081
　　　　　电　话：68472815（发行部）
　　　　　传　真：68933757（发行部）　68932218（总编室）
　　　　　　　　　68932447（办公室）
发 行 者　全国各地新华书店
印 刷 者　北京宏伟双华印刷有限公司
开　　本　880×1230（毫米）　1/32　印张：7.875
字　　数　200 千字
版　　次　2013 年 6 月第 1 版　2013 年 6 月第 1 次印刷
书　　号　ISBN 978 - 7 - 5660 - 0369 - 0
定　　价　28.00 元

序

博士研究生培养的核心是创新能力。虽然不是每个博士都能具备这种素质和激情，但如何使他们向这个目标靠近，则是博士生教育所应担当的责任。1998 年 5 月 4 日，江泽民总书记在庆祝北大建校 100 周年大会上向全社会宣告："为了实现现代化，我国要有若干所具有世界先进水平的一流大学。这样的大学，应该是培养和造就高素质的创造性人才的摇篮。"如何培养这样的人才，是中国高校，特别是被列入"985 工程"重点建设大学所努力探索的目标。

"民族发展与民族关系问题研究中心"属于中央民族大学"985 工程"中国当代民族问题战略研究哲学社会科学创新基地。中心成立后，坚持教学与科研并重、学术研究与人才培养相互促进的方针，不断探索创新型人才培养的模式。"博士文库"就是我们为此而搭建的一个学术平台。本中心在"985 工程"二期建设过程中先后吸收了 150 余人参与调研工作，其中一半以上是相关专业的在读博士、硕士研究生。他们的参与既保证了这支队伍的专业化和年轻化，有利于成果的创新，同时在科研实践中提高了自己的专业素质和研究能力。他们所撰写的成果多是对民族发展与民族关系等相关问题的探讨，这正是我们中心的学术定位，即为解决边疆与少数民族社会发展问题提供借鉴和理论支持。这样的人才培养方式我们将继续下去，并力争在实践中不断完善。

在今天这个以经济发展和技术竞争为主题的时代，急功近利和功利主义的观念常常使社会科学与人文精神受到忽视。但一些青年博士能够不随波逐流，不赶浪头，致力于被视为"冷门"的民族学人类学研究。从他们身上，我们看到了毅力、智慧、社会使命感和创新精神。发表他们的作品，也是对"人文精神"的彰显。

民族学人类学倡导人类不同群体之间要宽容、尊重、公正、理解，这个主张具有重要的社会意义。世界上每个人都会自觉不自觉地认为自己民族的文化是最好的，最优秀的。这既是一种天生的感情，也是一种偏见。当今弥漫于世界各地的不同民族、文化之间的歧视甚至争斗，正是源于这种偏见。偏见往往是由于隔阂造成的，而民族学人类学就是要打破这种隔阂。它主张这样的道理，就是人类文化虽然形式各异，但都是各民族适应特殊环境而形成并发展的，都对本民族的生存和发展产生过实际价值，因而人们对文化的价值判断都是相对的。不同民族之间，对不同的文化和生活方式应该互相尊重、相互理解、取长补短。要求文化与文化间，民族与民族间，也包括人与人之间要"各美其美，美人之美"，就是不仅要保持本民族的、自己的美，也要懂得欣赏学习他人的、他民族的美，也只有这样才能达到"美美与共，天下大同"，建设一个美好和谐的社会。从这个角度讲，民族学人类学等人文社会学科对于促进社会的和谐与人类进步具有不可替代的作用。

目前，我国在校博士生规模已经跃居世界前列，然而我们所追求的不该只是数量，更需要质量的提升。为博士生提供创新能力自由发展空间的平台，鼓励他们在实践中独立思考，提出解决社会问题的有创造力的分析和思考，就是这套"博士文库"的目标。

　　当然，创新不是一蹴而就，而是一个艰难的过程。特别是对于年轻人来说，在创新中出现的幼稚和缺陷都在所难免。希望我们年轻的博士们不断努力，一步一个脚印，不断向更加成熟的高度攀升。

丁　宏

2009 年 2 月 26 日

目 录

第一章 绪 论 ……………………………………………… （1）

　　一、研究缘起 …………………………………………… （1）

　　二、研究综述 …………………………………………… （5）

　　三、理论视野与关键概念 …………………………… （19）

　　四、研究方法与田野工作概况 ……………………… （34）

　　五、田野点的自然与人文图像 ……………………… （39）

第二章 景观的变迁：生态重建的历史场景 ………… （50）

　　一、从山林到农田：农业开发的消极影响 ………… （51）

　　二、从均衡到退化：政策失误的生态恶果 ………… （64）

　　三、从退化到修复：自上而下的生态重建 ………… （80）

　　四、在历史场景中认知生态变迁 …………………… （88）

第三章 "绿色"的权力：生态重建的国家支持 ……… （91）

　　一、作为"绿色"权力表达的生态重建 ……………… （92）

　　二、沼气推广工程与生态重建 ……………………… （102）

　　三、退耕还林工程与生态重建 ……………………… （115）

　　四、反思国家权力与环境之间的关系 ……………… （127）

第四章 科学与民族科学：生态重建的知识体系 …… （131）

　　一、参与生态重建的两种知识体系 ………………… （131）

　　二、传统生态知识与生态重建 ……………………… （149）

　　三、现代科学技术与生态重建 ……………………… （163）

　　四、生态建设必须综合运用两种知识 ……………… （175）

第五章 全球性联系：生态重建的外部力量 ………… （178）

　　一、在地方生态重建中发现全球性 ………………… （178）

二、系统外部输入与生态重建 …………………………（186）

三、村民外出务工与生态重建 …………………………（197）

四、把握地方与全球的多样联系 ………………………（205）

第六章　结语：不确定的未来 ……………………………（209）

参考文献 ……………………………………………………（217）

后　记 ………………………………………………………（239）

图表目录

图 1 - 1　龙脊十三寨地理位置示意图 …………………（47）

图 2 - 1　廖姓先祖廖斋碑文拓片 ………………………（53）

图 2 - 2　平段寨所藏民国十九年潘姓宗支部抄本 ……（56）

图 2 - 3　载有棚民之事的廖姓宗支部 …………………（59）

图 2 - 4　1958 年龙胜放木材卫星实况 …………………（66）

图 2 - 5　龙脊村 1991—1993 年造、封规划表 …………（82）

图 2 - 6　龙脊村民的省柴灶施工证 ……………………（83）

图 3 - 1　龙脊古壮寨干栏中的沼气池 …………………（105）

图 3 - 2　龙脊沼气建设先进村的奖状 …………………（109）

图 3 - 3　龙脊古壮寨流行的沼气灶 ……………………（111）

图 3 - 4　退耕后种植的毛竹林 …………………………（124）

图 3 - 5　退耕后种植的杉树苗 …………………………（126）

图 4 - 1　廖家寨的龙泉亭 ………………………………（151）

图 4 - 2　平段寨旁的古樟树 ……………………………（152）

图 4 - 3　雕刻有青蛙和螃蟹的太平清缸 ………………（154）

图 4 - 4　龙脊村民用来分水的"水平" …………………（158）

图 4 - 5　道光二十九年龙脊乡规碑 ……………………（163）

图 4 - 6　林业部门下发的毛竹低改技术资料 …………（167）

图 5 - 1 龙脊梯田文化生态系统结构图 …………………（185）

图 5 - 2 外出采购食品的古壮寨民众 …………………（189）

图 5 - 3 房东家的液化石油气设备 ……………………（193）

图 5 - 4 遍布卫星电视接收器的古壮寨 ………………（196）

图 5 - 5 外出务工对生态重建的积极效应示意图 ……（204）

表 2 - 1 龙脊古壮寨 1991 年耕地及计划开发面积
　　　 统计表 …………………………………………（73）

表 2 - 2 龙脊古壮寨六组 1985 年受旱灾面积产量
　　　 调查表 …………………………………………（78）

表 2 - 3 龙脊古壮寨 1988 年植树造林数目表 …………（81）

表 3 - 1 中央财政 2003—2011 年支持广西农村
　　　 沼气建设资金统计表 …………………………（102）

表 3 - 2 龙脊古壮寨 2000—2001 年沼气池建造数目
　　　 统计表 …………………………………………（108）

表 3 - 3 龙脊古壮寨第四组 2002 年退耕还林
　　　 统计表 …………………………………………（120）

表 3 - 4 龙脊古壮寨第五组 2002 年退耕还林
　　　 统计表 …………………………………………（121）

表 4 - 1 龙脊古壮寨 1991 年粮食作物种植情况
　　　 统计表 …………………………………………（171）

表 4 - 2 龙脊古壮寨 1991 年再生稻、垄稻种植
　　　 情况统计表 ……………………………………（173）

第一章 绪 论

一、研究缘起

20 世纪 90 年代初期，美国学者史密斯（Sheldon Smith）提出，当今世界处在"失序"的时代。举凡政治、经济、社会，甚至延伸到环境领域，都已经脱离了原来的轨道，面临着难以解决的危机和困境，是一种迫切需要扭转的"失序"状态。[①] 人类学家面对这种状态，并不可能无动于衷。时任美国人类学联合会主席的拉帕波特（Roy Rappaport）认为，所谓的"失序"状态可称之为"非适应"，它不仅表明了结构的失序会在本质上生发麻烦，而且还会阻碍社会系统适应性反应的能力。然而，适应性的反应是可以纠正或改善系统所处的麻烦境况的。为此，拉帕波特提出了所谓的"关于麻烦的人类学"[②]，引领了应用人类学和环境人类学的发展。

在人类社会面临的形形色色的"失序"问题中，生态环境危机无疑是其中的重中之重。美国人类学家约翰·博德利从人类学的视角提出了人类社会面临的各种发展问题：环境危机、自然

---

① Sheldon Smith. *World in Disorder*, 1994—1995: *an anthropological and interdisciplinary approach to global issues*. University Press of American, 1995, pp. 1 – 3.

② Roy Rappaport. Distinguished Lecture in General Anthropology: The Anthropology of Trouble. *American Anthropologist*, 1993, Vol. 95, No. 2, pp. 295 – 303.

资源、食品体系、人口问题等，都内在地与生态环境有着密切的联系，是人类社会面临的前所未有的挑战。① 中国是一个发展中大国，人口众多，资源分布不平衡，因此历来面临着强大的生态环境压力。新中国成立初期的人口政策和发展战略忽视了生态系统的承载能力，给生态环境带来了严重的消极影响。改革开放以后，又由于采取赶超型经济发展战略，无形中忽视了环境代价，使得局部地区的生态环境遭到了严重破坏。不仅长期郁积而发的沙漠化、石漠化难以治理，而且不少区域小生境森林覆盖率下降、水土流失严重，极大地制约了区域经济社会的可持续发展。面对这种难以为继的恶劣境地，从中央到地方的各级政府，适时采取封山育林、沼气推广、退耕（牧）还林（草）等一些适应性政策，试图扭转生态环境持续恶化的局面，推动区域经济社会的可持续发展。有幸的是，经过 20 多年的生态恢复与重建，中国西部某些局部地区的生态环境得到较大改善，山清水秀，石山变绿，森林覆盖率和蓄积率得到很大提高。为对中国的生态重建问题进行深入的研讨，本书选择广西壮族自治区龙胜各族自治县龙脊古壮寨为田野点进行个案研究。

　　龙脊古壮寨坐落在南岭之一的越城岭的余脉之上，是南岭走廊民族研究的重要一环。南岭，又称"五岭"，包括大庾岭、骑田岭、都庞岭、萌渚岭、越城岭。作为中国南部最具地理意义的山地，南岭是我国长江、珠江两大水系的分界线，是华中和华南的自然与农业生产差异的重要界线。费孝通先生历来重视南岭民族研究，早在 20 世纪 30 年代，他就和新婚妻子王同惠前往大瑶山进行调查。新中国成立后，费老还率领民族访问团到越城岭一侧的龙胜各族自治县进行慰问，并进行了细致的调查，后来写了

---

① ［美］约翰·博德利著，周云水等译：《人类学与当今人类问题》，北京大学出版社，2010 年版。

《关于广西壮族历史的初步推考》一文。① 20 世纪 80 年代，费老在阐述其"民族走廊"学说时，曾四次提及"南岭走廊"。1986 年 5 月，费老在香港召开的"第一次瑶族研究国际研讨会"上曾指出："南岭山脉的民族走廊研究好了，不仅有助于上述各族（指瑶族、壮族、汉族等）历史的研究，而且也可以大大丰富中国通史的内容，有助于我们对当前各民族情况的深刻了解。"② 由此足见南岭民族研究的重要地位。

就龙脊古壮寨本身来说，20 世纪 50 年代，中国少数民族社会历史调查组曾经在此进行过较为细致的调查，不仅收集了众多历史文献资料，而且还形成了专门的研究报告，为后人的追踪调查研究提供了珍贵的比对资料。2006 年至 2008 年间，笔者曾因课题研究和硕士论文撰写需要，先后 5 次到龙脊壮族、瑶族聚居区进行田野调查，耳濡目染之间，了解到该地区曾遭受严重的生态破坏，导致地方性生态系统发生退化，甚至给当地带来严重的旱涝灾害。然而，20 世纪 90 年代后期以来，随着一系列生态重建政策的实施，龙脊地区生态环境恶化的状况逐渐好转，良好的生态系统逐渐恢复，稻作农业生产连年稳定，成为南岭地区生态重建的典型代表之一。作为关注生态环境问题的民族学工作者，笔者觉得很有必要对这一生态环境变迁的历程予以关注，找出其中影响生态退化和生态重建的制约性因素，为南岭地区的可持续发展提供一些现实的借鉴和参考。

其实，在本项研究开题之初，笔者仅仅欲从沼气推广的角度入手，探讨该工程、生态与话语体系。随着思考的深入，笔者逐

---

① 费孝通：《关于广西壮族历史的初步推考》，《费孝通民族研究文集》，民族出版社，1988 年版，第 72—87 页。

② 费孝通：《瑶山调查五十年》，《费孝通文集》第十卷，群言出版社，1999 年版，第 390 页。

渐发现，不论是沼气推广也好，还是退耕还林也罢，都是国家试图恢复和重建区域生态系统的一种工程性举措，这也确实在一定程度上挽救了局部地区生态环境恶化的状况。与此同时，在完成所主持的壮族地区生态文明建设课题的过程中，笔者进一步接触到了武鸣县、忻城县、德保县的沼气推广、石漠化治理以及稀有物种保护等生态建设实践，对生态恢复与重建有了更为清晰的认识。最终，笔者把研究主题定位为"龙脊古壮寨的生态重建"。可能有人会说，生态恢复与重建是自然科学家的专门话题，社会科学不必要涉足该方面的研究。其实，生态恢复和重建，本质上也是一种人类行为。只要是人类行为，就必然受到生态之外的政治、科学以及文化习惯的约束和影响。环境人类学作为人类学中专门研讨人类与环境之间关系的分支学科，完全有必要和有能力介入这一领域的研究，从中发现制约生态修复和重建效果的因素，从而为生态环境危机的解决提供可行性路径和理论上的深入解读。

本项研究的意义主要体现在理论和现实两大方面。具体来说，理论意义又体现为三个层次：一是从选题上来说，生态重建作为当代中国生态文明建设中的重大举措，民族学人类学界的关注较少。人类学是经世致用的学科，完全有必要也有可能介入这一问题，通过应用其独特的文化工具和研究视角，把生态重建放在区域历史场景和政治经济格局中进行衡量，可以彰显地方工程的全球性意义。二是从理论指导上来说，环境人类学是新兴的学科领域，在中国还很不发达。通过对龙脊古壮寨生态变迁历程的环境人类学分析，不仅可以反思政策、权力在生态变迁中的作用，而且还可以深度挖掘传统文化中潜在的传统生态知识因素，为环境人类学理论提供一个研究案例。三是从壮学发展着眼，作为综合性的研究壮族的学科，壮学如今已是蓬勃发展，研究成果层出不穷，但生态方面的研究比较少，壮族乡村生态变迁的研究更是难得一见。① 故本项研究能够弥补壮学生态研究的不足，为全面认识壮族文化提供一种全新的视角。当然，本项研究还具有一些现实意义：生态变迁是少数民族地区的常态，如何认识变迁的原因，把握变迁的力度，控制生态环境恶化的局势，是西部民族地区政界、学界和民间始终难以回避的重大问题。通过对龙脊古壮寨生态退化与重建历程的分析，探讨国家权力、传统知识、全球性联系等因素在其中发挥的作用，我们不仅可以更好地把握壮族地区的生态现实，而且还有利于彰显生态重建的文化价值和意义，为推进沼气推广、退耕还林等生态重建决策提供案例支撑，为促进民族地区乡村生态文明建设提供一些思考和启示。

二、研究综述

（一）生态恢复与重建研究梳理

1. 国外研究进展

从历史学的观点来看，生态重建由来已久。人类诞生以后，在利用火的基础上，发展了依赖森林自然恢复的游耕农业，颇具修复性土地管理的意味。当然，这些重建活动基本上都是以人类为中心的，试图恢复的只是再次获得食物的能力。19 世纪末，一些天才管理者才在分散的地点试图重建整个生态系统。20 世纪 30 年代，美国、澳大利亚等国发起了许多大型的生态重建项目，目标直指构建整体的生态系统，最终引导学术界走向了"生

---

① 少量的例外，如覃彩銮的《论壮族文化的自然生态环境》（《学术论坛》2000 年第 6 期）、付广华的《关于开展壮学生态研究的设想》（《广西民族研究》2007 年第 1 期）、《气候灾变与乡土应对：龙脊壮族的传统生态知识》（《广西民族研究》2010 年第 2 期）等论述。

态中心的重建"。①

20 世纪 80 年代初，生态重建开始成为应用生态学的研究主题，不少学者或机构开始参与到该主题的研究中来。1980 年，恢复生态学的奠基人布拉德绍（A. D. Bradshow）等人提出：生态重建作为一个总括性的术语，被用以描述所有那些寻求提升受破坏的土地或再造已被破坏的土地并且使其生物潜能得到恢复的活动。② 1987 年，生态学家乔登三世（William R. Jordon Ⅲ）等人出版了名为《恢复生态学》的著作，成为向生态学界之外的学者传递生态重建研究最新成果的代表性作品。③ 到 20 世纪 90 年代中期，有关生态重建的研究逐渐走向繁荣。不仅每年有大量的学术著作出版，而且还把该项研究的范围扩展到人文社会科学界，成为哲学、人类学以及历史学等诸多人文社会科学研究的对象。

在研究和探讨生态重建实践的过程中，一些自然科学出身的学者开始发现人文社会科学的重要作用。加拿大学者黑格斯（Eric Higgs）早期从技术修复的角度对生态重建进行研究，后来逐渐把学术兴趣点转移到技术变迁与当代文化的关系上，并最终接受了人类学的经验研究方法。由于对人类学有着深深的挚爱，这一时期的黑格斯加盟了艾伯塔大学（University of Alberta）社会学与人类学系，写作发表了几篇颇有人类学色彩的学术论文。黑格斯认为，如何科学地界定"重建"是学术界难以回避的重

---

① William R. Jordan Ⅲ, George M. Lubick. *Making Nature Whole*: *A History of Ecological Restoration*. Washington D. C. : Island Press, 2011, pp. 1 - 5.

② Anthony D. Bradshaw and Michael J. Chadwick. *The Restoration of Land*: *The Ecology and Reclamation of Derelict and Degraded Land*. Berkley: University of California press, 1980, pp. 2 - 3.

③ William R. Jordan Ⅲ, Michael E. Gilpin, John D. Aber. *Restoration Ecology*: *A Synthetic Approach to Ecological Research*. New York: Cambridge University Press, 1987.

大问题，因为它不仅是一个技术上的事情，更涉及伦理上的事项。与西方科学培训出来的重建主义者不同，黑格斯认为好的生态重建要把眼界放宽到包括历史、社会、文化、政治、艺术和道德在内的所有方面。如此一来，这个包罗一切的重建过程不仅能够实现生态保真，而且会实现生态系统中人类关系的和谐。① 后来，在回顾其生态重建研究所受其他学科的影响时，黑格斯如此表述："哲学家倾向于一般化和普遍的理论，而人类学家关注描述和特殊的观察。当我努力经由这些相反的优点去探寻世界和重建的意义时，它们之间的共生互存显露无遗。哲学给了我勇气去确认构成重建的模式，并引领我远离概念和实践的浅滩。人类学使我更加理解人们如何解释的倾向，而且使我能够触及重建之下的文化表达的多样性、特性的重要以及帝国主义风险。"② 面对生态重建潜在的全球同一实践，黑格斯进一步反思：当前面临的真正挑战在于，如何从他者自身的视角去解释他们所相信的。如美国式重建理论依赖的是尖端的技术、实践者的经验和科学的知识。一旦脱离了具体的法律和习俗的文化背景，这些都可能会搁浅。③ 因此，黑格斯倡导，要认识到科学和技术知识的不足，摒弃其道德中心主义地位，向其他种类的各种地方性知识敞开怀抱。只有实现了科学生态知识和地方性知识的有机融合，才能够推动生态重建的实践不断走向前进。④ 对于这一点，美国人类学

① Eric Higgs. What is Good Ecological Restoration? *Conservation Biology*, 1997 (2): 338 – 348.

② Eric Higgs. *Nature by Design: People, Natural Process, and Ecological Restoration*. Cambridge, Massachusetts: The MIT Press, 2003, p8.

③ Eric Higgs. *Nature by Design: People, Natural Process, and Ecological Restoration*. Cambridge, Massachusetts: The MIT Press, 2003, pp. 8 – 9.

④ Eric Higgs. The Two – Culture Problem: Ecological Restoration and the Integration of Knowledge. *Restoration ecology*, 2005 (1): 159 – 164.

家谢彼特兹（Daniela Shebitz）对美国纽约州香草和华盛顿州熊草的本土使用的田野研究同样发现：传统的选择修复点和土地管理方式有其自身的合理之处，其中尤其是对低海拔种植地控制性燃烧的利用，可以有效地管理熊草资源及其环境。也就是说，传统知识对理解种群趋势、生态过程，乃至对设计重建项目都是相当重要的工具，因此，把传统生态知识融于生态重建领域不仅是必要的，而且是可行的。①

2000 年前后，随着世界范围内的生态重建项目的蓬勃发展，人文社会科学学者们的参与力度加大。为推进人文社会科学对生态重建问题的研究，美国社会科学家格布斯特（Paul H. Gobster）和赫尔（R. Bruce Hull）等人试图运用社会科学和人文学科的分析工具、理论模式和哲学理解来对生态重建进行深入的考察，并且还组织了专门的学术研讨会，最终结集成名为《修复自然：社会科学和人文学科的视野》的论文集。② 由于该论文集首次将生态重建的社会方面加以学术上的研讨，因此被称为"对重建艺术和科学的杰出贡献"，甚至在整个学术界引起了广泛的关注和论争。为澄清学术界对该书主要观点的质疑，两位主编还在《生态重建》杂志上撰文进行答疑③，不仅进一步阐明了生态重建的社会文化维度的重要性，而且也更加表明了人文社会科学学科参与科学实践的必要性。沿着人文社会科学的路径，环境史学家则从纵向的维度介入生态重建研究。霍尔（Marcus Hall）回顾了保护主义者先驱马什（George Perkins Marsh）的旅行经历，提出在过

---

① Daniela Shebitz. Weaving Traditional Ecological Knowledge into the Restoration of Basketry Plants. *Journal of Ecological Anthropology*, 2005（9）：51 – 68.

② Paul H. Gobster, R. Bruce Hull. eds. *Restoring Nature：Perspective from the Social Sciences and Humanities*. Washington D. C.：Island Press, 2000.

③ Paul H. Gobster, R. Bruce Hull. Restoring Nature：Continuing the Conversation. *Ecological Restoration*, 2001（4）：225 – 227.

去的 200 年间重建曾经采取过多种形式，从维持和修理到园艺化，再到自然化。通过对美国和意大利两国土地管理方式的比较，霍尔澄清了重建的不同意义，展示了这些意义是如何随着时空的变迁而转变的。① 最近，霍尔又出版了新的著作《重建与历史》，着重论述时间向度的考虑给环境重建实践所带来的改进。在本书中，霍尔认为，只要历史学家能够描述出历史上的生态系统，它就可以成为当前重建的目标。虽然说难以根据历史资料揭示早期生态系统的任何细节，但历史学家可以凭借档案和考古学的技能去揭示以前生态系统的构成。② 因此，历史因素成为生态重建项目不得不依赖的要素之一。在本书收入的 27 篇专论中，涉及"历史上的重建"、"重建中的历史"、"重建成什么样？目标状态的选择"、"要重建什么？初始状态的选择"和"实施：再野生化、再园艺化和再自然化"等主题，地域上则涉及美国、芬兰、苏格兰、日本等地，可谓是异彩纷呈，把历史学对生态重建的研究推向了新的高度。

值得注意的是，与环境史学平行的另外一种纵横结合的生态学方法——历史生态学也天然地涉足了生态重建的研究。为推动历史生态学在生态重建实践中的运用，美国学者伊根（Dave Egan）和豪厄尔（Evelyn A. Howell）在 1999 年的国家生态重建学会年会上组织了专门的论坛，得到了二三十位学者的积极参与，后来结集而成《历史生态学手册：重建者发现参考生态系统指南》③，成为历史生态学家参与生态重建问题研究的集大成之

① Marcus Hall. *Earth Repair: A Transatlantic History of Environmental Restoration*. Charlottesville: University of Virginia Press, 2005.

② Marcus Hall, eds. *Restoration and History: The Search for a Usable Environmental Past*. New York: Routlledge, 2010, pp. 1 -2.

③ Dave Egan and Evelyn A. Howell, eds. *The Historical Ecology Handbook: A Restorationist's Guide to Reference Ecosystem*. Washington D. C. : Island Press, 2001.

作。历史生态学家们认为：对从事生态重建的学者和实施者来说，关键是要找到生态重建的目标——"参考生态系统"（reference ecosystem）。历史生态学作为适逢其会的诊断工具，它能够帮助我们找准方向，引导重建实践，乃至带领我们寻求切实可行的保护伦理。

2. 国内研究动态

对中国学术界来说，无论是生态重建（修复），还是恢复生态学，都是西方的"舶来品"。早在 20 世纪 50 年代末，中科院华南植物研究所的余作岳等人就已开始了沿海侵蚀台地的植被恢复技术与机理研究，但当时更多地发生在实践层面，并未在理论上有所突破。20 世纪 90 年代初，随着欧美恢复生态学理论与方法的传入，国内的生态重建（修复）研究才进入到一个新的发展阶段。① 从笔者在"中国知网"上的统计结果来看：1990 年以前，尚无以"生态重建"为主题的论文面世；1990 年 12 月，该词汇才出现于一篇介绍景观生态学的论文之中，至 1999 年底，共刊登相关成果 101 篇；2000 年以后，生态重建研究开始热门起来，学术专论也在各家期刊遍地开花，至 2010 年底，共刊登相关成果 1920 篇；从 2010 年初至笔者检索的 2012 年 2 月 12 日，共有 367 篇相关成果。总的来看，最为厚重的研究成果主要表现在如下四个方面：

一是生态重建理论与方法的综合性研究。国内学术界的相关研究会以生态恢复、生态修复或生态重建为主题词出现，相关的著作有赵晓英等编著的《恢复生态学：生态恢复的原理与方法》（中国环境科学出版社 2001 年版），杨海军、李永祥编著的《河流生态修复的理论与技术》（吉林科学技术出版社 2005 年版），

---

① 参见任海、彭少麟编著：《恢复生态学导论》，科学出版社，2001 年版，第 5—6 页。

周启星等编著的《生态修复》（中国环境科学出版社 2006 年版），骆世明主编的《农村环境整治与生态修复》（中国农业科学技术出版社 2007 年版），吴秉礼等编著的《科学决策生态修复目标理论与方法研究》（兰州大学出版社 2009 年版），丁爱中等主编的《河流生态修复理论与方法》（中国水利水电出版社 2011 年版）等 20 余部。从经济学角度介入的则有仟保平主编的《西部地区生态环境重建模式研究》（人民出版社 2008 年版），实际上研究的是经济与生态环境的互动，并非针对"重建"这一主题进行研究，因此对后人进行生态重建的研究仅具参考价值；聂华林等编著的《区域可持续发展经济学：基于中国西部经济发展和生态重建的理论与实践》（中国社会科学出版社 2007 年版），主要研讨西部地区经济可持续发展的问题，同时涉及西部地区生态重建的基本问题、思路、产业发展等相关的内容。当然，译介国外生态修复与重建理论方法的综述性论文也比较多，这里就不赘述了。

二是南方石漠化地区的生态重建。早在 1994 年，广西科学院石山课题组编著《广西石山地区生态重建工程技术可行性研究》（广西科学技术出版社 1994 年版），从农业经济学的角度对广西石山地区的生态重建的可行性进行探讨。稍后，有学者指出，只有深入认识导致岩溶石山地区环境退化的自然因素和人为因素，准确模拟环境退化过程，找出打破恶性循环的关键环节，才能搞好生态重建，增强当地人民的自我发展能力，实现生态经济良性循环。[①] 谢家雍的《西南石漠化与生态重建》（贵州民族出版社 2001 年版），是国家社科基金资助的课题，针对西南石漠化区域恶劣的生态现状，谢氏提出了东水西贮、南水北调、西人

---

① 蔡运龙：《中国西南岩溶石山贫困地区的生态重建》，载《地球科学进展》1996 年第 6 期，第 602—606 页。

东食、六大之最、梯级水能开发、分水岭治理等战略构想以及一主极、两统一、四代替、六举措等行动方略。苏维词等以喀斯特石漠化发育典型的花江大峡谷右岸的贞丰县兴北镇顶坛片区为例，详细分析了目前正在实施的以花椒种植为核心的"花椒—养猪—沼气"和以砂仁种植为核心的"砂仁—养猪—沼气"两种石漠化治理模式，指出了它们的优点与存在的问题，并提出了相应的对策建议。①廖赤眉等编著的《广西喀斯特地区土地石漠化与生态重建模式研究》（商务印书馆 2006 年版）、蒋忠诚等编著的《岩溶峰丛洼地生态重建》（地质出版社 2007 年版），都是以广西石漠化地区为研究对象，提出了许多促进生态重建的技术性措施。此外，文传浩等著的《流域环境变迁与生态安全预警理论与实践》（科学出版社 2008 年版），研讨了石漠化情况严重的珠江上游贵州段的生态重建问题，分别涉及民族传统文化、旅游开发、新农村建设与循环型生态农业与生态重建之间的互动关系，不仅阐述了生态重建的"社会工程路径"，而且从"产业途径"上分析了生态农业的发展，对后来从事生态重建与生态变迁的研究具有一定的启示意义。

三是北方脆弱生态区的生态重建。中国北方的宁夏、新疆、内蒙古等地生态系统脆弱，很容易发生生态退化现象，因此针对性的生态重建研究也得到了学术界的较大关注。宁夏大学陈育宁研究员承担了国家社科基金课题"干旱典型特贫回族聚居地区生态重建与经济社会发展跟踪调查与研究"，通过对宁夏南部贫困山区有代表性的村庄和农户进行访谈与问卷调查，从生态学、经济学、社会学等方面展开深入、系统和综合的研究，对干旱特贫回族聚居区的生态重建及其与产业结构、人口承载、农户家庭收

---

① 苏维词、朱文孝、滕建珍：《喀斯特峡谷石漠化地区生态重建模式及其效应》，载《生态环境》2004 年第 1 期，第 57—60 页。

入等多种关系进行了有益的探索，为完善有关政策提出了建议。[①] 与之类似的是，内蒙古师范大学乌峰教授的团队同样承担了国家哲社基金课题"内蒙古草原生态恢复与重建的实践理念研究"，并最终完成了《蒙古族生态智慧论》一书，从哲学的角度对蒙古族生态重建的理念与实践进行了深入的分析，是对内蒙古草原生态重建研究的一项突破。[②] 最近，受陈育宁等人的启发，米文宝在分析总结国内外生态重建理论与实践的基础上，提出了生态恢复与重建及其评价的新理论——生态发展理论，并以生态发展理论为依据和指导，对宁夏南部山区的退耕还林还草生态恢复与重建工程进行了综合评估。[③] 此外，蒋德明等编著的《科尔沁沙地荒漠化过程与生态恢复》（中国环境科学出版社 2003 年版）、赖先齐编著的《绿洲盐渍化弃耕地生态重建研究》（中国农业出版社 2007 年版）、张建锋著《盐碱地生态修复原理与技术》（中国林业出版社 2008 年版）等论著都受到学术界的关注与好评。

四是矿业用地的生态重建。采矿常常会对土壤、植被等造成严重的破坏，对矿业废弃地进行复原，使其恢复生机和活力，就成为生态学家们必须面对的重要课题。这方面的代表性成果有：徐嵩龄撰《采矿地的生态重建和恢复生态学》（《科技导报》1994 年第 3 期），张树礼等著《黄土高原露天煤矿生态恢复技术

---

① 陈育宁主编：《绿色之路：宁夏南部山区生态重建研究》，中国社会科学出版社，2004 年版。同一课题的成果还有陈育宁：《宁夏南部山区生态重建报告书》，载《西北民族研究》2003 年第 1 期，第 85—92 页。

② 乌峰、包庆德主编：《蒙古族生态智慧论：内蒙古草原生态恢复与重建研究》，辽宁民族出版社，2009 年。同一课题的成果还有包满喜：《内蒙古草原生态重建及实践格局展望》，载《内蒙古师范大学学报》（哲学社会科学版）2007 年第 3 期，第 27—31 页。

③ 米文宝等：《生态恢复与重建评估的理论与实践：以宁夏南部山区退耕还林还草工程为例》，中国环境科学出版社，2009 年版。

研究》（内蒙古人民出版社 1997 年版），白中科、赵景逵主编《工矿区土地复垦与生态重建》（中国农业科技出版社 2000 年版），沈渭寿等编著的《矿区生态破坏与生态重建》（中国环境科学出版社 2004 年版），李富平等著《矿业开发密集地区景观生态重建》（冶金工业出版社 2007 年版），胡振琪等编著的《土地复垦与生态重建》（中国矿业大学出版社 2008 年版），马从安等著《露天矿生产与生态重建理论及应用》（中国矿业大学出版社 2009 年版），周连碧等著《矿山废弃地生态修复研究与实践》（中国环境科学出版社 2010 年版）以及李金海主编《生态修复理论与实践：以北京山区关停废弃矿山生态修复工程为例》（中国林业出版社 2008 年版）等 10 余部。其共同特点是：不仅关注生态修复理论的运用，而且十分注重矿山废弃地自身的特点，分类型地选择土壤改良物质和植被，从而最终达到重建生态环境的目的。

与国外最新研究动态相比较，我们会发现：国内的生态重建研究更多的是在自然科学的领域之内，人文社会科学学科的参与非常少。从笔者已收集到的资料来看，目前仅有经济学界、哲学界有部分学者关注生态重建问题，并进行了一些开拓性的研讨，如经济学者徐大佑、陈劲松分析了中国现有的集体主导、政府主导、个人主导、公司主导以及科技主导五种生态重建模式，总结各种模式的特点和适用条件，对西部地区生态重建模式的选择具有一定的启示作用①；李贵德、罗剑朝提出，农民生态行为是影响西部生态重建的重要因素，因此他们撰文分析了农民生态行为对西部生态重建的负面影响，并进一步提出优化农民生态行为、

---

①　徐大佑、陈劲松：《西部生态重建模式的比较研究》，载《经济纵横》2007年第 10 期，第 20—22 页。

促进西部生态重建的对策。① 然而，由于这些研究对农民生态行为的分析更多的只是一种理论构思，实际上缺少案例材料的支撑，还需要进一步补充完善。就民族学、人类学而言，除退耕还林等生态重建的具体实践开始出现少量研究外，尚无专门以生态重建为研究主题的学术成果出现。就此而言，本项研究能起到抛砖引玉之效。

（二）龙脊古壮寨研究评述

迄今为止，有关龙脊古壮寨的调查研究，大致可以分为四个阶段：

从明万历末年到新中国成立前，可视作第一个阶段。本阶段实际上还谈不上研究，仅零星地记载了龙脊壮族的情况。如道光《义宁县志》中的《龙脊茶歌》、《龙胜厅志》对"龙脊山"的描述等。1933 年，新桂系当局镇压了参与桂北瑶民起义的龙脊壮族民众，一些御用文人记功炫耀，方才多了一些记载。但这些记载不仅充斥着污蔑之词，而且亦有错漏之处。如龙脊当时仅号称十三寨，而不是十八寨。此后，虽然龙脊纳入了政府的直接统治之下，但却没有更多的官方记载了，仅在历史档案中找到一些蛛丝马迹。当然，龙脊民间也留下了诸多珍贵的石刻、碑文和契约资料，是我们追寻龙脊历程的重要参考资料。

新中国成立到改革开放前，可视为第二个阶段。由于新中国民族学者的关注，本阶段产生了一些重要的调查研究成果，特别是少数民族社会历史调查的成果最为突出。1951 年，由费孝通任团长的中央民族访问团来到龙胜。他们一边宣传民族政策，一边组织专家对龙胜的壮、瑶、侗、苗等民族进行调查。费先生还亲自带队访问龙脊，并根据调查材料和文献记载梳理了广西壮族

---

① 李贵德、罗剑朝：《西部生态重建中农民生态行为初步分析》，载《生态经济》2007 年第 1 期，第 309—315 页。

的历史发展脉络。这次调查收集到了不少资料，为后来的少数民族社会历史调查打下了良好的基础。1956年春，遵照关于开展少数民族社会历史调查的指示，在全国人大常委会民族委员会的主持下，大规模的调查工作开始进行。1957年3月，广西少数民族社会历史调查组到龙胜各族自治县展开调查，在听取了当地党、政责任人介绍情况后，选择了保存民族特点较重的龙脊十三寨进行调查，开始了最早的专门调查研究龙脊壮族的先河。参加这次调查的专家学者有樊登、粟冠昌、李干芬、吴如岱、黄团镇、杨德篯6人。这次调查到5月初全面结束，历时45天。调查成果经初步整理之后，于1958年4月内部印制了《龙脊乡壮族社会历史调查（初稿）》一书，共分经济、政治、生活、文教卫生和其他五部分，对龙脊地区的农业、手工业、乡约制度以及风俗等方面进行了全景式的考察，成为最早专门研究龙脊壮族的民族志作品。该书丰富的资料也为后来的研究提供了重要的参考。然而，在这个短暂的春天后，由于中国社会"左"倾错误的蔓延，已不存在正常开展学术研究的空间，龙脊壮族研究一度陷入了停顿状态。这种状况一直持续到"文革"结束。

改革开放以后，学术研究的气氛逐渐浓厚，民族学也逐渐恢复了学术地位，龙脊壮族研究迎来了恢复发展的阶段。1982年，广西民族研究所编辑出版了《广西少数民族地区石刻碑文集》，其中不少碑文资料就是从龙脊壮族地区收集的，为进行龙脊壮族研究提供了难得的资料。紧接着，广西壮族自治区编辑组于1984年编辑出版了《广西壮族社会历史调查》第一册，其中就包含有《龙胜各族自治县龙脊乡壮族社会历史调查》，但主要内容来自于前述《龙脊乡壮族社会历史调查（初稿）》，仅做了进一步的文字润色和校订。1987年，广西壮族自治区编辑组又编辑出版了《广西少数民族地区碑文契约资料集》一书，不仅收录了《广西少数民族地区石刻碑文集》未能收录的碑文，而且还收录了大量的契约资料。以上三种资料性书籍的出版发行给从事龙脊壮族研究提供了丰富的研究资料。几乎与此同时，广西师范大学张一民先生带领学生到龙脊村进行了补充调查，后来见刊于1984年内部印刷的《广西地民族史研究集刊》。至1990年，广西民族研究所黄钰先生写成《龙脊壮族社会文化调查》一文，内容涉及龙脊壮族的语言、来源、社会组织、生活习俗、民族心理素质等，是对《龙脊乡壮族社会历史调查》的重要补充，其中有些资料还可以互相参证。当然，不容否认的是，这一时期的调查与研究明显是20世纪五六十年代社会历史调查的延续与补充，还没有进入真正的精深研究阶段。

　　2000年以来，龙脊壮族研究进入了史无前例的繁荣阶段。不仅研究的领域进一步拓展，而且研究的方法有更新的倾向，更重要的是出现了一批精深的研究成果。日本学者塚田诚之在实地考察的基础上，对龙脊壮族的莫一大王崇拜进行了深入研究，并结合壮族的迁徙路线研讨了莫一大王崇拜的地域差异。① 杨树喆教授借鉴了尹绍亭等人的"民族文化生态村"理论，阐述了在龙脊建设壮族文化生态村的有利条件，以及建设龙脊壮族文化生态村的初步设想和建议。② 郭立新博士在多次到龙脊古壮寨进行田野调查后，对龙脊古壮寨民众的婚姻制度、关系称谓、继嗣制度、竖房活动、丧葬仪式以及干栏文化进行了较为深入的分析与

---

　　① 塚田誠之：《壮族文化史研究——明代以降を中心として》，东京：第一書房，2000年，第185—222页。

　　② 杨树喆：《建设龙脊壮族文化生态村研究》，载《广西民族研究》2002年第3期。

探讨。① 周大鸣教授曾于 2005 年 6 月带领学生到龙脊古壮寨进行田野实习,对古壮寨民众的经济生活、婚姻家庭、民间信仰、政治权力结构、教育、技术、丧葬礼俗等进行较为全面的调研②,并且还从资源博弈的角度撰文研讨龙脊乡村秩序的维持。③ 廖杨教授在梳理龙脊古壮寨社区历史和现状的基础上研讨了古壮寨旅游开发中社区参与存在的问题和可行性路径。④ 徐赣丽博士利用前辈们的调查资料,撰文构拟了历史时期以来龙脊地区民族关系的演变历程,描述了当代民族之间和谐共生的现状。⑤ 此外,笔者自 2005 年以来多次到龙脊古壮寨进行田野考察,也写作发表了七八篇专题论文,内容涉及龙脊壮族的乡约制度、梯田文化以及生态知识等领域,对推动龙脊壮族的研究起了一定作用,也成为撰写本书的坚实基础。

　　通观以上四个阶段研究的梳理,我们可以发现:从研究主题来看,龙脊壮族研究已经涉及民间信仰、族群关系、乡约制度、梯田文化、旅游开发等诸多方面,尚少涉及生态变迁及生态重建

---

　　① 郭立新:《为了 ran 的延存:桂北龙脊两可继嗣、婚姻与关系称谓》,载魏捷兹编:《云贵高原的关系称谓》,台湾清华大学人类学研究所,2000 年;郭立新:《打造生命:龙脊壮族竖房活动分析》,载《广西民族研究》2004 年第 1 期;郭立新:《天上人间——广西龙胜龙脊壮族文化考察札记》,广西人民出版社,2006 年版;郭立新:《荣耀的背后:广西龙背壮族丧葬仪式分析》,载《中南民族大学学报》(人文社会科学版)2005 年第 1 期。文章题目和通篇出现的都是"龙背"一词,笔者不知道这是作者的特殊处理,还是由于排版的错误。

　　② 周大鸣、范涛主编:《龙脊双寨:广西龙胜各族自治县大寨和古壮寨调查与研究》,知识产权出版社,2008 年版。

　　③ 周大鸣、吕俊彪:《资源博弈中的乡村秩序——以广西龙脊一个壮族村寨为例》,载《思想战线》2006 年第 5 期。

　　④ 廖杨:《民族地区贫困村寨参与式发展的人类学考察——以广西龙胜龙脊壮寨旅游开发中的社区参与为个案》,载《广西民族研究》2010 年第 1 期。

　　⑤ 徐赣丽:《民族和谐共生关系的实证研究——基于对广西龙脊地区的调查》,载《广西民族研究》2011 年第 1 期。

研究；从研究方法来看，新功能主义、解释人类学、象征人类学等理论方法已逐步得到应用，但仍有很大拓展的空间。为推动龙脊壮族研究的深化和升华，笔者认为既需要拓宽研究的具体领域，又需要多采纳和应用新的学术理念与方法。有鉴于此，笔者选择了"龙脊古壮寨的生态重建实践"作为研究主题，希望从环境人类学的视角切入，为中国民族学人类学界提供一个个案研究。

三、理论视野与关键概念

（一）环境人类学的视野

环境人类学是本项研究的指导性理论与方法，研究的是人及其文化与环境之间的互动关系。就名称而言，美国人类学界基本上接受了"环境人类学"（environmental anthropology）这一名称，而欧洲人类学界仍有不少学者未能接纳"环境人类学"之称，而仍名之以"生态人类学"。因此，此处同样要从生态人类学说起。

生态人类学的兴起与新进化论学派密切相关。在怀特等学者的倡导下，人类学界对生态环境因素产生了前所未有的重视。斯图尔德（Julian H. Stuward）创立"文化生态学"后，人类学生态研究迅速发展。20 世纪 60 年代末期，维达（Andrew P. Vayda）和拉帕波特正式将这一领域定名为"生态人类学"（ecological anthropology），用来统称人类学者进行的人与自然关系的研究。[1] 此后，因为有了统一的学科名称，人类学家们的研

----

① 不过，后来维达更倾向于采用"人类生态学"（human ecology）作为学科的名称，从他所创办的学术期刊名为《人类生态学》即可略窥一斑。但由于拉帕波特的学术影响，故"生态人类学"一语在学术界的应用逐渐得到了普及。

究也日益精深，形成了形形色色的理论流派和研究方法。其中蔚为大观的是系统生态学，拉帕波特的贡献尤其重大。他在名著《供奉给祖先的猪》一书中，对新几内亚的僧巴加·马凌人的仪式和战争所做的经典研究，已经成为系统生态学中最为著名的案例。马凌人以举行凯蔻（Kaiko）仪式的形式在整个地域群体中分配当地过剩的猪，保证为人们提供必要的高质量蛋白质。[①] 拉帕波特的这一分析取得了较大成功，引人注目地表明了在人类学中运用生态系统理论与方法的独特之处。在拉帕波特等人的影响下，生态人类学得到了很大发展：一是关注生态的人类学者大大增加，出现了李（Richard B. Lee）、埃伦（Roy Ellen）、内廷（Robert McC Netting）、莫兰（Emilio Moran）、贝内特（John W. Bennett）、科塔克（Phillip C. Kottak）、奥尔弗（Benjamin Orlove）以及英戈尔德（Tim Ingold）等数位知名专家；二是形成了诸多学科内部的理论流派，如系统生态学、民族生态学、进化生态学以及种群生态学等；三是专门的学术阵地和学术组织的建立，维达于1972年创办了名为《人类生态学》的跨学科学术期刊，刊发了大量生态人类学论文；国际人类学与民族学联合会内部成立了"人类生态学"委员会。

　　20世纪80年代中后期以来，受后现代主义思潮和环境保护运动的影响，生态人类学内部出现了很多新的变化。美国著名环境人类学家布罗修斯（J. Peter Brosius）认为，正是人类学者对环境保护运动的参与，促使了生态人类学转向了环境人类学。首先，环境主义（environmentalism）已经成为众多学科竞相参与的研究领域，并且已经促生了环境史学、环境伦理学、环境经济学、环境法学、环境安全以及政治生态学等诸多分支学科。人类

---

① Roy A. Rappaport. *Pigs for the Ancestors*：*Ritual in the Ecology of a New Guinea People.* New Haven：Yale University Press，1984.

学者对环境主义研究的参与，有利于跨学科进程的拓展。其次，人类学者的田野点中正经历着环境主义运动的出现。环境方面的非政府组织闯入了人类学者传统上关注的农村社区，因此我们所研究的地方社区也已采纳了跨国环境话语中的某些元素来为他们自己争取权益。再次，受一般人类学学科发展的影响，"作为文化批评"的人类学有责任批评环境主义对土著文化的虚假表述。同时，由于受到福柯的权力、知识、话语等思想的影响，人类学者开始从后结构主义的视野来对环境主义话语展开分析。①

关于从生态人类学到环境人类学的转变，布罗修斯认为，两者之间存在一个"相当大的断裂"，生态人类学主要从生态学领域吸取营养，因此它用科学主义的视野来考察地方社区对特殊生态系统的适应；而环境人类学则从后结构主义社会文化理论、政治经济学以及跨国主义和全球化新进展等多个领域中获得思想源泉，故当代环境人类学更强调权力与不平等、文化与历史偶然性、知识生产的重要性以及日益呈现的跨地域进程等问题。由于研究主题和学术思想的差异，因此很少有学者能够在两种学科之间顺利过渡。不过，布罗修斯也承认，早期的生态人类学也启迪了当前的某些研究，不仅为当前本土知识评估的研究打下了坚实基础，而且还大大提升了基于社区的自然资源管理的研究。② 尽管如此，布罗修斯对生态人类学和环境人类学之间的区分也受到了一些学者强烈的质疑。埃斯科瓦尔（Arturo Escobar）认为两者之间的区分是认识论上的差异，前者很大程度上是实证主义或者解释主义的方法，后者则深刻地打上了当代建构主义方法的烙

① J. Peter Brosius. Analyses and Interventions: Anthropological Engagements with Environmentalism. *Current Anthropology*, 1999. 40 (3).

② J. Peter Brosius. Reply to Comments on "Analyses and Interventions: Anthropological Engagements with Environmentalism". *Current Anthropology*, 1999. 40 (3).

印；虽然布罗修斯鲜明地摆出了自己的旗帜，但他的这一区分可能会惹得一些人不高兴。① 比如瑞典人类学家洪恩伯格（Alf Hornborg）旗帜鲜明地提出，"欧洲人类学并没有经历美国一样的'生态的'和'环境的'人类学之间的清晰转型。在欧洲，一些近来有关人与环境关系的人类学研究，既不是'科学的'，也不是简单的环境主义研究，而是从理论上尝试跨越笛卡尔哲学的心/身或文化/自然之类的二元论"。②印度德里大学的巴维斯卡（Amita Baviskar）则尖锐地指出："环境人类学与都市—工业化地志学不相关的精神错乱假设，需要予以更为细致的考察"③，摆明了并不认同布罗修斯的观点。

其实，在美国人类学界内部，也同样存在着一定的不同声音。比尔萨克（Aletta Biersack）宁愿把这一领域指称为"多种新生态学"（象征生态学、历史生态学和政治生态学），认为"多种新生态学具有复杂的、混合的谱系，它们出现于多种旧生态学的情境下，但是它们也与这些较早的生态学保持了一定的距离，并且与其他的分析传统站到了同一序列（如政治经济学、象征人类学和历史人类学）"。④ 同样地，老资格的人类学家科塔克（Conrad P. Kottak）则更愿意称之为"新生态人类学"，认为旧的生态人类学由于时空视野的狭窄、功能主义的假设以及不涉政治的原因，将逐渐被新的生态人类学所取代。新生态人类学须实现

---

① Arturo Escobar. Comment on "Analyses and Interventions：Anthropological Engagements with Environmentalism." *Current Anthropology*, 1999. 40（3）.

② Alf Hornborg. Comment on "Analyses and Interventions：Anthropological Engagements with Environmentalism." *Current Anthropology*, 1999：40（3）.

③ Amita Baviskar. Comment on "Analyses and Interventions：Anthropological Engagements with Environmentalism." *Current Anthropology*, 1999. 40（3）.

④ Aletta Biersack. Introduction：from the "New Ecology" to the New Ecologies. *American Anthropologist*, 1999. 101（1）.

多水平、多因素的结合，同时处理好理论实践研究与政策导向之间的关系。① 不过，不同的意见并没能阻挡"环境人类学"的发展，越来越多的学者基本上接受了"环境人类学"的新提法。早在1996年，莫兰（Emilio F. Moran）就为《文化人类学百科全书》撰写了名为"环境人类学"的大型词条。② 2000年，人类学家汤森德写作、刊行了名为《环境人类学：从猪到政策》的教科书，给"环境人类学"的学术概念和研究旨趣的普及提供了良好的机遇。③ 2005年，佐治亚大学人类学系的雷家德斯（Warm Regards）等学者创办了名为《生态与环境人类学》的学术期刊，成为刊载人类学生态研究的专业刊物。为给学生们提供更为系统的学习资料，耶鲁大学的人类学教授多弗（Michael R. Dove）于2008年合编了名为《环境人类学历史读本》的文献选编读本，并在导论中总结了环境人类学五个方面的关键发展：第一，质疑社区的"自然的"界限，转而强调其与更广泛的政治经济体系的联系；第二，重视历史的重要性，研究视角从横向到纵向实现决定性转型；第三，随着时空视角的转型，环境人类学不仅仅研究政治，其自身也变得更具政治性；第四，环境人类学愈来愈受到后结构理论的影响，它对环境话语研究非常感兴趣，以至于认为环境不但是物质的现实，而且是一种话语的产物；第五，环境人类学的跨学科性更为突出，其研究延伸到其他

① Conrad P. Kottak. The New Ecological Anthropology. American Anthropologist, 1999. 101（1）.

② Emilio F. Moran. Environmental Anthropology. In David Levinson and Melvin Ember, eds. *Encyclopedia of Cultural Anthropology*. New York：Henry Holt and Co. , 1996.

③ Patricia K. Townsend. *Environmental anthropology：from pigs to policies*. Waveland Press, 2000.

许多学科，并很随意地横跨自然与社会科学。[①]

在笔者看来，环境人类学是在生态人类学的基础上发展起来的，不可避免地要从生态人类学文献去寻求历史归宿。在当前学术界中，虽然大部分美国学者接受了"环境人类学"的新提法，但是把环境人类学视为生态人类学不间断的发展阶段的看法依然存在，并且也许在相当长的一段时期内仍然比较有市场。不过，问题的关键在于，我们不能无视环境人类学做出的理论突破。概括来说，环境人类学的独特之处在于：在研究视野上，以前生态人类学研究较小的社区，更为关注的是地方文化如何适应其特殊的生态系统，而环境人类学已经超越了社区的自然界限，更为强调它们与外部政治经济体系之间的联系。在研究理念上，生态人类学的非历史倾向较严重，奉行的是生态平衡论的思想，而环境人类学更为注重历史，强调长时段过程中的生态变迁，奉行的是生态不平衡论的思想。在理论范式上，生态人类学基本上属于现代学的系列，而环境人类学则属于后现代学的系列，具有很强的后结构主义特征，认为环境不仅是物质的现实，更是一种话语的生产。在这一点上，环境人类学受福柯的影响很深，其关键概念如权力、话语、知识如今已经成为环境人类学家们时常畅谈的对象。[②] 在具体理论流派上，生态人类学诞生了文化生态学、系统生态学、民族生态学、进化生态学等理论方法，环境人类学则以政治生态学、历史生态学、象征生态学以及传统知识系统研究为主要表现。

在本项研究中，笔者将超越田野点的社区界限，强调它与外

---

① Michael R. Dove & Carol Carpenter. eds. *Environmental Anthropology: a Historical Reader*. Malden, MA.: Blackwell Publishing, 2008.

② J. Peter Brosius. Analyses and Interventions: Anthropological Engagements with Environmentalism. *Current Anthropology*, 1999.40 (3).

部世界纷繁复杂的政治经济联系，从而为解释南岭走廊山村的生态退化与重建提供一种全球性的视野。同时，吸收政治生态学所认为的权力操纵生态变迁的思想，从而与旧式生态人类学不涉及政治的情况迥然有别。在研究过程中，笔者还十分重视环境话语对生态环境的现实作用，意识到当前南岭山村的生态重建试图推进的不仅是生态环境的保护，更是一种实现环境话语的行为。因此，本项研究涉及的理论方法还有政治生态学、后结构主义以及传统知识系统研究等，但基本上仍属于环境人类学的应用研究范畴。

（二）本书涉及的关键概念

1. 自然、生态与重建

自然，英文为"nature"，最接近的词源为古法文 nature 与拉丁文 natura。最早的意涵是指"某个事物的基本性质与特性"。14 世纪时，抽象出第二种意涵："支配世界或人类的内在力量。"在词意演变的过程中，单数的 Nature 被拟人化，出现了"大自然之神"（Nature goddess）、"大自然母亲"（Mother Nature）之类的称呼，强调的是自然力量的强大。17 世纪时，自然不再被视为内在的形塑力量，而被视为与人类塑造的特质相对比的物质世界。18 世纪末以来，在培根的自然—文化二元论思想的影响下，自然的一个最常见的用法出现，用以指"乡村"、"未经破坏的地方"、植物以及人以外的生物，隐含着"善良"与"纯洁无瑕"的意涵。① 由于人类学具备沟通自然科学与社会科学的潜质，故同样把自然视为本学科的关键概念。不过，人类学家后来对自然—文化二元论进行了深刻的反思，认为作为文化对立物的自然只不过是一种西方概念，某些非西方社会可能并不存在类似

———————

① ［英］雷蒙·威廉斯著，王建基译：《关键词：文化与社会的词汇》，生活·读书·新知三联书店，2005 年版，第 326—333 页。

的自然的概念。① 从某种意义上讲，"自然"已经不复存在。我们所谓的"自然"，只不过是人类活动和话语的副产品，可以称之为"第二自然"、"社会化自然"或"人文化自然"。② 因此，本书所用的"自然"概念，实质上只是一种社会建构。毕竟我们已无法返回若干世纪前原生的、原始的、独立于人类活动之外的状态，而只可能尽量减少人类活动的消极影响，实现地方性生态系统的良性运行和发展。

生态，英文为"ecology"，源于希腊文词根 oikos（意指家、户）和词尾 logos（意指言说，后指有系统的研究）。1869 年，德国生物学家赫克尔（Ernst Haeckel）创造出了"ökologie"一词，用来指称动植物彼此之间以及动植物与其栖息地之间关系的研究。然而，在 20 世纪中期以前，"生态"并不是一个普遍的词。从 1960 年代起，生态学开始从大学的生物学系中独立出来，成功地确立了自己全新学科的地位。与此同时，生态及其相关词，大量地取代了与环境相关的词群，且其延伸的用法持续扩大。受这股生态学思潮的影响，经济学、政治学以及社会理论都重新得到解释，对人与自然的关系给予充分的关注，并且把这种关注视为制定经济与社会政策的必要基础。③ 从整个词义演变历程来看，"生态"不同于把人类排除在外的"自然"，它内在地隐含着人类参与的思想。"生态"不仅可以用来指称自然界内部的各种物质、能量关系，而且天然地包括人类与自然界的互动关

①　49［英］凯·米尔顿：《多种生态学：人类学，文化与环境》，载《国际社会科学杂志》1998 年第 4 期。

②　Aletta Biersack. Reimagining Political Ecology：Culture/Power/History/Nature. In Aletta Biersack and James B. Greenberg, eds. *Reimagining Political Ecology*. Duke University Press, 2006, pp. 3 – 40.

③　［英］雷蒙·威廉斯著，王建基译：《关键词：文化与社会的词汇》，生活·读书·新知三联书店，2005 年版，第 139—140 页。

系。笔者本书中所采用的"生态"概念，就是指上述自然界内部及其与人类之间的复杂互动关系。在具体的行文过程中，还可能出现"生态系统"、"生态退化"以及"生态重建"等概念，它们同样内在地包含人类与自然的关系在内，而且这种关系要受到环境和文化的影响，反映出鲜明的地域和族群特点。

重建，英文为"restoration"，国内常又译为"修复"，台湾学界则译为"复育"。与"生态的"一词连用时，它表示的是协助一个受损生态系统重新恢复生态活力的过程。在当代生态学文献中，还有不少以"re"（又、复、再、重新）为前缀，以动词（建、存、植、住……）为词干，以 tion（ion）为后缀词尾的"re"家族词，它们与生态重建都有着相关或类似的含义：复原（rehabilitation）与重建有着基本相同的意义，都把历史上的或者先在的生态系统作为修复的模式或参考，但在目标和策略上区别甚大：复原强调的是生态系统过程、生产力和服务性的补偿，而重建的目标则又包括先在的物种构成和社群结构的生物整体性的重新建立；复垦（reclamation），意为挽救某种事物于一种不良状态中，常被用以描述矿业用地恢复到适于耕作的过程；与复垦的意义有密切关联的是补救（remediation），即对受损害生态采取补救性措施的过程，但补救缺乏对历史状况和生态整体性恢复的关注，故与重建有着明显的区别；再植（revegetation）一般来说是土地复垦的一个组成部分，可能仅仅建立一个或几个少数物种；恢复（recovery）的是自然回复到生态系统被干扰之前的状态的过程，并强调历史的真实性，基本可以用来指称"无辅助的重建"（unassisted restoration）。① 由于"生态重建"（ecological restoration）内在地隐含着生态系统的思想，且已在国内外学术界广泛应用，故笔者在本项研究中倾向于采用该提法。还必须说明的是，生态重建与"恢复生态学"（restoration ecology）亦有着内在差别：生态重建是一个包容性非常强的术语，它可以指代全世界范围内的重建生态系统的实践；恢复生态学是应用生态学的一种分支学科，主要研究生态系统退化的原因、退化生态系统恢复与重建的技术和方法及其生态学过程和机理，可以为生态重建提供生态学上的理论依据和方法。虽然有些人可能会声称他们是生态重建专家，但事实上生态重建并非是一个专业化的领域，作为一个囊括重建领域所有实践的整体，它不仅包括恢复生态学，而且也包括参与进来的人文和自然科学。因此，除恢复生态学家参与外，哲学、地理学、人类学、环境史学等学科的从业人员都可能涉及。有时生态重建实践者和恢复生态学家是同一个人，但大多数时候生态重建实践者只是区域生态系统中生活的人类成员。②

在笔者看来，上述三个概念存在着一定的内在联系。作为物质世界的"自然"，内部包含着多种多样的有机物内部及其与无机物之间的关系，进而构成了所谓的"生态"；"生态"天生地包含着人类与"自然"的关系，成为"自然"与"文化"相互

---

① Eric Higgs. *Nature by Design: People, Natural Process, and Ecological Restoration.* Cambridge, Massachusetts: The MIT Press, 2003, pp. 98 – 114; Society for Ecological Restoration International Science & Policy Working Group. *The SER International Primer on Ecological Restoration.* Tucson: Society for Ecological Restoration International, 2004, p. 12. 另，张新时曾据上述资料撰写《关于生态重建和生态恢复的思辨及其科学涵义与发展途径》（载《植物生态学报》2010 年第 1 期）一文，理清了"re"家族词汇的关系，对不谙英文者有一定的参考借鉴价值。

② Eric Higgs. The Two – Culture Problem: Ecological Restoration and the Integration of Knowledge. *Restoration ecology*, 2005（1）: 159 – 164.

沟通的纽带和桥梁；由于自然曾经遭受人类活动的破坏，故可能出现失序的状况，这就需要进行重建，其最终目标是使人类与周围环境之间的关系恢复到"自然的"状态，让自然界的生态联系能够良性运行。

2. 权力、知识与全球性

权力，英文为"power"。最早的词源是盎格鲁诺曼语"poer"和古法语"poeir"，当时的意涵是"做某事的能力"（9世纪）。后来，随着词形的多次变化，逐渐演变出"权威"（12世纪）、影响他者行为的能力（14世纪）、政治的或国家的力量（18世纪）等多种意涵。根据最新版的《剑桥英语词典》，"power"一词至少存在着18大类的释义，有的大类中又包含若干种具体的词义。① 在古代汉语中，汉代已经出现了"权力"一词，如《汉书》卷48《贾谊传》有："况莫大诸侯，权力且十此者乎?"如此看来，汉语中的"权力"乃"权势和威力"之意，不像"power"那样意义甚多，难以尽述。在如今的社会科学界，权力之所以成为芸芸众学者研讨的主题，跟社会学家的理论思辨有很大的关系。1956年，美国社会学家米尔斯（C. Wright Mills）出版了名为《权力精英》的巨著，提出"权力精英"极力维持社会分层和等级制度的观点，引起了学术界的巨大争论。② 随后，帕森斯、福柯、布迪厄等社会学家都参与进来，阐发了许多至今仍深有影响的理论精义。福柯跳出了前人的窠臼，提出"权力会从许多不同的方向通过经常性社会交往实现生产和再生产"的新观点。在福柯看来，权力"不是一种制度，也不是一种结构，也不是我们被赋予的确定性的力量；它只是用来概括特殊社

---

① 参见 *Oxford English Dictionary*. Third edition，December 2006；online version，December 2011.

② C. Wright Mills. *The Power Elite*. New York：Oxford University Press，1956.

会中存在着的复杂策略情形的名称"。① 后来，布迪厄进一步提出"象征权力"的概念，认为权力并不仅仅体现于结构关系中，而且还会出现于语言和日常实践中。作为一种看不见的权力，象征权力只能在被实施人和实施人的共犯下得以实施。所谓的"共犯"，是指被实施人不愿知道受制于它，而实施人不愿知道在实施它。② 由于人类学早期主要以无国家社会为研究对象，故较少关注权力问题。随着福柯的论著以英语形式出版，人类学家不可避免地受其影响。如沃尔夫吸收了福柯等人的思想，提出存在四种模式的权力：一是作为人之属性的权力，就像威力或能力，这是典型的尼采式权力；二是"自我"在社会交往中把自己的意志强加给"第二个我"的能力；三是策略的或组织的权力，即用以控制人们发挥其潜能和与他人互动的场景；四是结构性权力，即组织和精心安排场景本身，指定能量流的分配和导向，类似于马克思的资本利用和分配劳动力的权力和福柯的管制意识的权力。③ 沃尔夫的分析，引人注目地表明了结构性权力分析在政治经济学研究中的巨大效力，一定程度上启发了笔者在本书第三章的写作。

知识，英文为"knowledge"。作为人类认识的成果或结晶，知识是在后天社会实践中形成的对现实的反映。它借助于一定的语言形式或物化为劳动产品的形式，可以交流和传递给下一代，

---

① 转引自 Ann E. Kingsolver, Power. In: Alan Barnard & Jonathan Spencer, eds. *Encyclopedia of Social and Cultural Anthropology*. London & New York: Routlege, 1996, pp. 445 – 448.

② Pierre Bourdieu. *Language and Symbolic Power*. Cambridge, MA: Harvard University Press, 1981, pp. 163 – 170.

③ Eric R. Wolf. Facing Power : Old Insights, New Questions. *American Anthropologist*, 1990, Vol. 92, No. 3.

成为人类共同的精神财富。① 因此，从本体论的角度上看，不同类型的知识之间并不存在本质上的不同，都是人类认识的成果或结晶，都可以交流和传递给下一代。不过，由于西方国家在近代发展为"科学"，并且使之成为统治性的话语体系，逐渐获得了凌驾一切的地位，成为全球范围内的普行性知识；与此同时，传统成了某种需要被克服的东西，需要被颠覆而不应予以鼓励，因此传统知识逐渐被忽视。② 谈及"科学"的超然地位，福柯精辟地说道："科学同样也施行权力，如果你不想被人认为持有谬见，甚至被人认作骗子的话，它会迫使你说某些话。科学之被制度化为权力，是通过大学制度，通过实验室、科学实验这类抑制性的设施实现的。"③ 由于科学已成为霸权性的学术话语，故"在等级体系的下层，在被认可的知识和科学的层面之下，隐藏着一系列被剥夺资格的知识，它们被认为是不充分或不精确的"。④ 认知人类学家把这些非西方的知识体系称为"民族科学"，认为它们虽然处于边缘化的地位，但却能够与自身所处的自然界和谐地生存在一起，因此有着自身独特的生态智慧。笔者本书中的"知识"概念，是相对中性的，既不把西方的"科学技术"神圣化，又不刻意抬高"民族科学"的地位，而是要把它们置于具体的、历史的场景中，力争实现"取其所长、去其所短"，为民族地区的生态建设提供智力支持。

---

① 《辞海》缩印本，上海辞书出版社，2000 年版，第 4920 页。

② Roy Ellen, and Holly Harris. Introduction. In Roy Ellen, Peter Parkes, Alan Bicker, eds. *Indigenous Environmental Knowledge and its Transformations*. Hardwood Academic Publishers, 2000, p11.

③ ［法］福柯著，严锋译：《权力的眼睛——福柯访谈录》，上海人民出版社，1997 年版，第 32 页。

④ ［法］福柯著，严锋译：《权力的眼睛——福柯访谈录》，上海人民出版社，1997 年版，第 218 页。

全球性，英文为"global"。人类学诞生之初，往往以一个较小的岛屿或社区为长时间的、面对面的田野调查点，虽然有时也注意到田野点与周边区域的内在联系，但并未把这种视野进一步延伸。正如沃尔夫所言："虽然人类学曾一度关注文化特质是如何传遍世界的，却也将它的对象划分成彼此分立的个案：每个社会都有自身独特的文化，它们被想象成一个整合的、封闭的系统，与其他同样封闭的系统相对立。"① 然而，社会科学界逐渐发现，人类社会的联系是多种多样的，不仅有生态和人口方面的联系，而且也有经济和政治方面的联系。因此，不能再将这个世界视为一个独立的社会和文化组成，而应当视其为一个总体，一个整体，一个系统。在这个整体中，人类群体"总是不可避免地处在与其他或远或近的群体的网络式联系当中"。② 为此，一些人类学家在进行田野与研究工作时把田野点与外部世界之间的联系纳入到考察范围之中，试图建构新型的民族志。按照人类学家米勒（Daniel Miller）的总结，其方法论特色是"在地方场景中发现全球性"，即把传统田野点视为理解全球政治、经济和文化推动力的透镜。③ 米勒的这一总结，基本上概括了多点民族志的理论特色，并很好地引导了地方——全球辩证关系的研讨。针对人类学界盛行"从地方观察全球性"的方法，霍尔兹曼（Jon Holtzman）提出批判，所谓"地方"的概念，实际上植根于西方长期存在的民间区分此处和彼处的模式。后来这样的民间模式被学者们演绎为"乡村"与"城市"，"殖民地"与"帝都"以及

---

① ［美］埃里克·沃尔夫著，赵丙祥等译：《欧洲与没有历史的人民》，上海人民出版社，2006年版，第8页。

② ［美］埃里克·沃尔夫著，赵丙祥等译：《欧洲与没有历史的人民》，上海人民出版社，2006年版，第451页。

③ Daniel Miller, eds. *Worlds apart*: *Modernity through the Prism of the Local.* London: Routledge, 1995, pp. 1 – 22.

"地方"与"全球"。作为一种分析性建构范畴,"地方"是与"全球"相反的,"地方"可以存在于新几内亚,但并不存在于纽约。地方—全球模式,并不是全球化跨文化真实的体现,而是它的话语与实践霸权的体现。① 在环境人类学界,学者们同样重视世界体系框架下的全球资本流动和权力运作。面对政府和发展机构寻求技术解决的方式,环境人类学批判地认为它们忽视非地方性政策和资本流动影响和固化地方层次的资源利用方式的努力。针对这种方法论上的弊端,环境人类学家试图超越地理上独立的地方,把分析规模扩展到国家和全球层次。②

在笔者看来,上述三个概念存在着内在的紧密联系,其中权力是贯穿始终的。权力作为复杂的运行机制,它必然需要一定的话语与之相适应,为维持该运行机制提供合法性支持。而话语的产生,又往往同知识的建构有着密切的关系。对权力与知识间密不可分的关系,福柯曾经说道:"哲学家,甚至知识分子们总是努力划一条不可逾越的界线,把象征着真理和自由的知识领域与权力运作的领域分割开来,以此来确立和抬高自己的身份。可是我惊讶地发现,在人文科学里,所有门类的知识的发展都与权力的实施密不可分。"③ 福柯认为,某种权力形式还可能生产出对象和结构都极为不一样的知识。如以医院为例,它既可能产生精神病学形态上的监禁,也可能产生解剖病理学知识,推动医学科学的发展。在此,权力的制度形式与不同形式的知识连接在一

---

① Jon Holtzman. The Local in the Local: Models of Time and Space in Samburu District, Northern Kenya. *Current Anthropology*, 2004, vol. 45, no. 1, pp. 61 – 84.

② Susan Paulson, Lisa L. Gazon. eds, *Political Ecology across Spaces, Scales, and Social Groups*. New Brunswick: Rutgers University Press, 2005, p8.

③ [法]福柯著,严锋译:《权力的眼睛——福柯访谈录》,上海人民出版社,1997年版,第31页。

起，其基础不是原因和结果，更不是同一性，而是条件。[①] 其实，权力与全球性之间的关系也是非常密切的：在全球政治经济体系中，掌握权力的中心国家或地区处于支配地位，而不掌握权力的边缘国家或地区则处于被支配地位，沦落为中心国家或地区的经济附庸。有时中心国家或地区还会动用资本的力量，迫使边缘国家或地区认可他们的政治价值观，最终把它们玩弄于股掌之中；有时中心国家或地区会给赤裸裸的嘴脸套上面纱，而运用带有霸权性的科学技术，极力打压边缘国家或地区的民族科学，向全球推广其文化价值观。

四、研究方法与田野工作概况

（一）研究方法

由于本项研究涉及人类学、生态学、历史学、地理学等多个学科，这也就决定了研究方法的多样性，同时由于进行的是生态重建的环境人类学研究，这也就必然要尽可能多地运用人类学的理论与方法。具体而言，本项研究采用的研究方法有：

1. 历史文献研究法

中国民族学界有重视历史研究的传统，这不仅因为中国有悠久连续的文明，而且也因为留下的历史文献特别多，不注意利用这些珍贵的遗产，就只能是一个横断面上的考察，无法真正把握整个文化的历史事实，无法触摸到事物的本质。已故著名民族学家梁钊韬先生十分提倡历史文献研究法，他说："民族学的研究对象，是否可以概括成一句话，就是历史上形成的民族内部和民族之间的各种矛盾现象。比较具体一些来说，就是研究现代民族

---

① ［法］福柯著，严锋译：《权力的眼睛——福柯访谈录》，上海人民出版社，1997 年版，第 146 页。

的社会现状和历史，包括它们的生产方式与上层建筑的现状和历史，民族分布、迁徙、互相交往、同化、融合与混血的历史，各民族关系的历史。"① 事实上，在本书的研究中利用历史文献研究法是十分必要的。龙脊古壮寨是一个有历史的社区，它的历史至少可以追溯到明末清初。在将近400年的历史进程中，龙脊古壮寨有自身的文献著录方式和保存方式，形成了社区丰富的义献记录。这些记录不仅包括族谱、契约、告示，而且还有很多的石刻碑文传世。笔者本科时学习历史学，曾执著于抗战史、经济史以及民族史研究，因此对文献资料的兴趣始终是很大的，即使是前往龙脊古壮寨进行实地调查，也首先是追寻当地的档案资料，这不仅因为这些资料容易获得，而且因为这些资料本身比群众的记忆要相对精确得多，特别是日期和数字方面。基于档案资料，再去顺藤摸瓜，就很容易获得比较真实的资料，而不会置身于无所适从的迷茫之中。因此笔者在前往田野点之前较早地熟悉了当地社区的资料和基本情况，下车伊始就能"进入其中"，观察周围发生的事件，特别是他们的生计实践和生活方式。在写作过程中，笔者应用的历史文献不仅有官方出版的地方志、馆藏档案、少数民族社会历史调查资料，而且还有新收集的碑文、村委档案以及现存的家谱、契约资料。当然，从人类学的角度出发，笔者还进行了大量的结构式访谈和无结构式访谈，这样也积累了不少口述资料。笔者相信通过两种资料来源方式的结合和参照，必然会对原来的研究方法有所突破，会取得比较大的研究业绩。

2. 民族学实地调查法

实地调查是很多社会科学中经常使用的一种方法，但民族学的实地调查却有着独特的意义。这不仅仅因为它是民族学工作者

① 梁钊韬：《关于中国民族学教学内容的设想》，载《梁钊韬民族学、人类学研究文集》，民族出版社，1994年版，第289—290页。

必须具备的基本功，而且也是这一学科区别于其他社会科学学科的重要性标志之一。对民族学人类学者来说，进行比较长的田野考察是真正理解研究对象必不可少的基础。在实地调查过程中，笔者具体运用了如下的视角与操作方法：首先是观察与参与观察。研究者在进入研究地以后，很自然地会使用自己的眼睛去捕捉所看到的一切，然后把这些东西记录下来。然而光这样做还是不够的，民族学者应当加入到所研究的社区，而且最重要的是参与社区的事务和过程。在这一过程中一定伴随着两种不同的视角：客位与主位。大体来说，观察的视角一般都是客位的，而参与其中亲身体验所研究的文化逻辑则被视为主位的。只有实现了这两种策略的结合，才能很好地完成既定的研究任务。其次是入户访谈。这也是了解一个社区的基本方法，通过与不同性别、年龄、文化程度的民众交谈，我们不仅可以获得详细的个体材料，而且也可以互相甄别，排除某些信息提供者歪曲事实的情况。再次，每个社区都有些有经历的、天才的或者受过教育的民众，他们可以提供更多比较完整或者有用的信息。因此寻找到一个非常好的报道人是每一个研究者的最大心愿。很幸运的是，笔者在调查过程中就碰到几位这样的优秀报道人。此外，生命史也是民族学调查中十分常用的一种方法。当一个研究者发现社区中的某些人人生经历特别，他就会下意识地去询问、搜求有关这些人的材料。这种材料提供了社区中更为个性的一面，能够反映集体系统中个人的切身感受，最终通过一人或数人的生命史的考察来探求文化的真相。笔者受过田野训练，对项目的具体操作也有自己的心得，多次就有关问题前往田野点进行调查。具体情况将在下文详述。

3. 跨学科综合研究法

民族学人类学的立学之本就是文化的全貌观，而且它在具体实践的过程中的确也有包打天下的雄心。自民族学人类学诞生以来，就不断从其他学科那里吸取营养，并因此还产生了为数不少的边缘交叉学科。环境人类学就是其中比较明显的一个，它不仅沟通了体质人类学和文化人类学，也沟通了自然科学和社会科学。龙脊古壮寨生态重建的研究涉及学科范围广泛，不仅有自然科学的生态学、农学、林学、水文学、土壤学、能量学、环境学等一系列学科，而且也涉及人文社会科学中的民族学、历史学、社会学、政治学等多种学科。因此，在研究的过程中坚持跨学科的研究方法，争取从不同的学科角度作出科学的解释，是必须要采取的战略选择。事实上，本书定位于环境人类学的研究本身就是要采用跨学科综合方法的一种明示。

总的来讲，本书的研究首先要采纳历史学的方法，这是弄清龙脊古壮寨生态重建历史大背景的必要条件；为把握地方性梯田文化生态系统的退化、修复与重建，不可避免地要涉及生态系统的研究；对生态重建所涉及的国家权力、生态知识以及全球性联系的分析，则涉及政治生态学、民族生态学以及后现代主义人类学等方面的理论与方法。

（二）田野工作情况

田野工作是人类学的基本功，是检验民族志文本有效性的权威指标，也是进行科学研究的必要方法。当然，人类学的田野工作与那些走马观花式的考察区别是很大的，最重要的是人类学提倡参与观察，这就要求研究者进入被研究者的生活，使用他们的语言，观察他们的行为，探究他们的文化逻辑，并通过自己的民族志文本把它们展现出来。

2006 年 3 月至 2007 年 4 月，为完成硕士论文的写作，笔者曾 4 次到龙脊古壮寨进行实地田野调查，总时间在 40 天以上。在调查过程中，笔者每天白天去村中访谈、观察，晚上整理调查笔记和写作田野日记。这些调查有三点值得总结：由于调查持续时间较长，特别是真正融入了社区，所以获得的研究资料更为丰富；在多次考察的基础上，制作了比较详尽的访谈提纲，在调查时尽量做到有的放矢，提高了工作效率。当然最值得庆幸的是，笔者逐渐被这个社区接受了。当笔者和他们一起喝酒喝得醉醺醺时，当笔者用还比较生硬的土话跟他们打招呼时，当笔者向他们递上香烟时……我知道，他们逐渐在心理上接受了我，甚至于还把本社区的发展大计问题与我一起商议。通过四次实地调查，笔者不仅获得了丰富的一手档案资料，而且对龙脊壮族梯田文化有了更为直观而深刻的理解。在田野调查过程中，笔者还参与了龙脊社区的活动，包括梯田除草、采集野菜、摘辣椒、打背工等生产生活活动，逐渐深刻地理解了龙脊壮族梯田文化的内涵。

2007年7月至10月，笔者受邀参加吉首大学杨庭硕教授主持的福特基金环境与发展项目"中国西部各民族地方性生态知识发掘、传承、推广及利用研究"，并以龙脊古壮寨为田野点，围绕"降低稻作农业农药化肥使用的可行性对策"进行了长达一个月的实地调查。本次调查主要有两方面的内容：一是龙脊古壮寨民众使用农药化肥的基本情况；二是详细调查龙脊古壮寨现存的传统稻谷品种种植和采集狩猎的情况。通过本次调查，笔者不仅清晰地发现了龙脊古壮寨深受外部世界影响的印痕，而且也意识到壮族传统生态知识的独特价值，为本书的写作积累了一部分资料。

2011年8月至9月，为了完成博士论文的写作，笔者再一次奔赴龙脊古壮寨。由于该寨已经修通了直通321国道的柏油路面，因此外部人员和物资可进入性已经大大提高。在村民家中居住的近半个月时间里，笔者每天详细观察、记录该农户的食谱，了解社区生产食品和外部引入食品之间的比重，试图从中发现当地生态重建的外部动力。当然，对国家大力推广的封山育林、沼气推广、退耕还林等工程的关注则是本项研究的重中之重。因此，笔者一方面到老支书家翻阅他20多年的笔记，其中记载了龙脊古壮寨深受国家政策影响的痕迹；另一方面，则到各寨进行入户访谈，试图通过一个个鲜活的资料呈现生态重建后的逻辑所在。比较难得的是，在本次调研期间，笔者多次得以参与到建房活动中，深刻理解了森林之于当地民众的重要价值，增加了对当地传统生态知识的理解。

从 2006 年以来，笔者七上龙脊，实地调查四个多月，获得了大量的一手档案资料和个案访谈资料，这些资料是本书写作的基础。但笔者亦深知，田野调查还要需要经过更长的时间，才会获得最为翔实的资料，才可能最为接近真实的状态，才可能显示出田野工作者的"在场"。因此，在以后的进一步深入研究过程中，笔者一定坚持进行补充田野调查，力争做到"人到田野去、文从田野来"，为推动壮学研究和环境人类学在中国的发展略尽绵薄之力。

五、田野点的自然与人文图像

（一）自然生态图像

本书的田野调查点——龙脊古壮寨，位于广西壮族自治区龙胜各族自治县东南部，距离县城 30 千米。龙胜各族自治县地处桂湘边陲，介于东经 109°43′28″至 110°21′14″，北纬 25°29′至 26°12′10″之间。东临资源、兴安，南接灵川、临桂，西与融安、三江侗族自治县为邻，北毗湖南城步苗族自治县，西北与湖南通道侗族自治县接壤，总面积 2370.8 平方千米。龙胜万山环峙、五水分流，东南北三面高而西部低。境内诸山皆属南岭山脉越城岭山系。越城岭自县境东北迤逦而来，向西南绵延而去。层峦叠嶂，河谷幽深，地貌类型多样，海拔 800—1500 米的中山山地较多。龙脊壮族聚居区的十几个村寨都坐落在金江河两岸的山坡上，而金江河本身即是一个山谷，两岸尽是海拔高低不等的山岭。在数公里外就是华南最高峰——猫儿山，而龙脊古壮寨所在山脉即属于猫儿山山脉的西支脉，一路向西，共分两支：一支继续西走，呈东西走向，其主峰福平包海拔 1916 米；另一支折而向南，其山脊狭窄蜿蜒呈北东走向，是龙胜与兴安、灵川、临桂的天然分界线。在福平包以南，与此线大体平行的山脉主要有两列：东面的一列为马海山，主峰海拔 1350 米；西面的一列为竹山，主峰海拔 1629 米。①

龙脊壮族聚居区的山地特征赋予了壮族先民神奇的想象，由于不允许发展大块型的平坝农业，只能在一定的高度建设一个平台来种植作物，于是他们充分利用了河谷两岸的各种资源，用石头建造田埂，把土壤填充进去，在一定的高度形成一个平面，于是形成了最初的平台。许多平台层层叠叠一起就形成了山坡上的梯形农业景观。在进一步的改造过程中，他们引来了山泉水，对梯地进行改良和灌溉，故而成为梯田。这样看来，之所以呈现梯形景观，是与山地环境密不可分的。由于他们无法在平地立足，只能依着地势，按照等高线原理，利用山岭上的碎石，砌成一处又一处的田埂，从而形成一块又一块的田地，最终形成了气势恢弘的梯田景观。

仅有山地还不足以成就梯形稻田，还需有其他适合稻谷生长的温度、光照、水分等生态环境因素。首先，水稻是喜温作物，正常生长需要一定的温度条件，特别是不能出现过低的温度。龙脊地处亚热带季风气候区，受季风影响严重，山地气候表现比较明显。年平均气温 14.4℃—16.9℃，最热月（7 月）平均气温 25.4℃；最冷月（1 月）平均气温 7.1℃，最低温度 -6℃，总积

---

① 参见郭立新：《天上人间——广西龙胜龙脊壮族文化考察札记》，广西人民出版社，2006 年版，第 7 页。

温 3198℃，平均无霜期 290 天。① 上述气温条件基本上能满足水稻的生长要求，但是龙脊同时又属于北方冷空气进入广西的重要通道，因而春季"倒春寒"、秋季"寒露风"（简称"两寒"）对农业生产带来极大影响。对平原、丘陵和 450 米以下低海拔的山间谷地以及山麓地带来说，热量尚能满足双季稻的生长需要；而对龙脊等高寒山区来说，"倒春寒"现象比较严重，仅 1960—1977 年的 18 年间烂秧死苗多的年份有 6 年，平均每 3 年就有 1 年。而且此地的"寒露风"也来得早，多出现在 9 月上旬，对正在抽穗扬花的晚稻影响很大。② 为了规避"倒春寒"和"寒露风"这两种极端灾害天气，龙脊壮族民众多实行一季中稻的生产方式。

其次，水稻又是喜阳作物，对光照条件要求较高。一般来说，早稻和中稻并无一定的出穗临界期，在短日照或长日照下均可正常抽穗，属短日照不敏感类型。晚稻品种大多数是短日照促出穗，长日延迟出穗，有严格的出穗临界光长，属短日照敏感型。③ 前面我们说过，龙脊以种中稻为主，也就是考虑到光照的问题。那里的壮族民众很早就摸透了水稻的生长习性，他们发现如果种两季稻，则各方面的条件都不具备，如果种单季稻，则各方面的条件则绰绰有余。这样，他们就主要发展适合种植的中稻品种。然而，龙脊在 5—6 月雨季到来，雨日多，晴朗天气少，水稻生育期内光照不足，对稻谷的生长也是很不利的。

再次，水分在水稻的生长过程中也是至关重要的。其中既有

---

① 成官文等：《广西龙脊梯田景区生态旅游开发的生态环境保护》，载《桂林工学院学报》2002 年第 1 期。

② 《广西农业地理》编写组：《广西农业地理》，广西人民出版社，1980 年版，第 133 页。

③ 参阅梁光商主编：《水稻生态学》，农业出版社，1983 年版，第 134—142 页。

水稻正常生理活动及保持体内平衡所需要的生理用水，也有维持高产栽培环境所必需的生态用水。据研究，水稻全生长季需水量一般在 700—1200mm 之间，大田蒸腾系数在 250—600mm 之间，水稻蒸腾总量随光、温、水、风、施肥状况、品种光合效率、生育期长短及成熟期而变化。[1] 龙脊地区降雨量较为充沛，是广西的多雨地区之一。虽然降雨量大、雨量充沛，但季节分配不均。秧苗期和插秧期内的 4—6 月为降雨盛期，并多大雨或暴雨，此时期的降雨量约占全年总降雨量的一半。7 月下旬以后，受副热带高压影响，天气晴热少雨，8—10 月三个月内仅占全年降雨量的 15% 以下，若以 8—10 月降雨量≤250 毫米为秋旱指标，秋旱频率为 20%—40%，所以秋旱明显。[2] 然而区域内有较丰富的水资源，特别是龙脊村寨背后的山岭上有诸多泉眼，年复一年地为龙脊民众供给着生产和生活用水。当然，有些年份由于维护不力或者降雨量过少，还可能出现一定程度的干旱。这也是制约龙脊梯田不能进一步扩大的根本原因。

此外，龙脊壮族聚居区属于中亚热带常绿植被区，乔木、灌木、草本植物种类繁多，用途广泛。各种林木生长茂盛，但由于受地形和气候影响，呈垂直分布。海拔 300—800 米，为杉树、马尾松、油茶、毛竹及众多阔叶树种；海拔 800—1300 米，以阔叶树种为主，松、杉等经济林为辅；海拔 1300—1700 米，以樟科、木兰科、壳斗科、杜鹃花科阔叶林树种为主，形成了中亚热带中山山地落叶常绿阔叶混交林；海拔 1700 米以上，森林以亚热带常绿落叶阔叶混交林为主。其中海拔 1100 米以上全部为森

---

① 参阅梁光商主编：《水稻生态学》，农业出版社，1983 年版，第 229—247 页。

② 《广西农业地理》编写组：《广西农业地理》，广西人民出版社，1980 年版，第 133 页。

林，以下为森林和梯田混合分布，到海拔800米以下，则大多已经被开垦成了梯田。除了上述森林植物以外，森林内部的动物资源也较为丰富。被国家列为一级保护动物的有红腹角雉、黑颈长尾雉、长尾雉；三级保护动物有竹鼠、田猪。此外，还有竹鸡、山蛙、松鼠、蝮蛇、果子狸、花王蛇、五步蛇等野生动物。[①]

总的来看，龙脊古壮寨地处群山之中，原本属中亚热带地区，但由于常常受到北方冷空气的影响，又具有温带性气候的特点，因此在农业上主要发展中稻种植，较少采用双季稻生产技术。在历史时期，龙脊壮族主要种植耐寒、耐冷、稻田储水量多的糯稻，较少遭受"寒露风"和"秋旱"的侵扰。改种杂优水稻以后，品种的适应性降低，稻田出水量减少，往往会发生一定程度的自然灾害。

（二）历史人文背景

"龙脊"一名不知起于何时，最早的官方记录始见于道光《义宁县志》。该书《艺文志》收录了乾隆十一年（1746）的贡生黎映斗曾写有《龙脊茶歌》："龙脊山势真豪雄，岩关关外青巃嵷。茶林终古照山谷，山南山北皆芳丛。春旗约略一千树，不减玉女仙人峰。气姑牙开谷雨早，瑶童蛮女争提笼。"[②] 可见，早在清乾隆初年就有"龙脊"这一地名了。稍晚出的道光《龙胜厅志》亦有记载："龙脊山，城东八十里，产龙脊茶，向办土贡，近年停止。"[③] 从上述两处资料可以看出，"龙脊"一名最初可能仅指称山的名称，如今龙脊村周围还有一处名为"龙脊山"

---

① 参见成官文等：《广西龙脊梯田景区生态旅游开发的生态环境保护》，载《桂林工学院学报》2002年第1期。

② （清）黎映斗：《龙脊茶歌》，《义宁县志》卷六《艺文》，台湾成文出版社影印本，1975年，第226—227页。

③ （清）周诚之：《龙胜厅志·山》，台湾成文出版社影印本，1967年，第44页。

的山脉。在同治年间的龙胜厅舆图上，"龙脊寨"的地名开始与"龙脊山"共存①；光绪年间的龙胜厅舆图开始出现了"廖家寨"的名称。②

虽然龙脊古壮寨现在位于龙胜的管辖区之内，但在历史上它却一度在隶属兴安和龙胜之间徘徊。在清乾隆五年（1740）以前，龙脊壮族聚居区一直处在兴安县管辖之内。早在明万历三十九年（1611），迁到兴安县富江峒的廖公承及其子从当地瑶民手中买得荒山十处。按照龙脊廖家寨寨老历代相传的《宗支部》记载，这十处地名分别是："一处地土鲁江界至马海界；二处翁江龙至大虎界；三处岩底至猪娄隘；四处源头江至木石寨老虎隘；五处鲁江界至大风隘；六处潘磊律静至近谭隘；七处岩石界至小风隘；八处中楼川石至金竹隘；九处龙脊界至黄落隘；十处龙堡底至大步隘。"这些地名大部分分布在今龙胜和平乡境内。而在廖姓买地的时代，他们祖先尚居住在兴安县富江峒，还没有移居龙脊。由此，足证这些地方当时皆在兴安县管辖范围之内。但由于当时人口稀少，且大多是荒山，行政管辖的意义并不十分重大。

清乾隆五年（1740），今龙胜境内爆发了吴金银、张老金领导的苗民起义。在起义被镇压以后，为了加强统治的需要，清政府将原属义宁的桑江司一带划出，单独设立"龙胜理苗分府"（后又改为"龙胜厅"），专理区域内的行政事务。由于龙脊壮族聚居区离"龙胜理苗分府"仅30多千米，而离兴安县城却将近150千米，因此龙脊一带被划归龙胜管理。而龙脊廖姓同族的兄弟依然在富江峒、蕉林新寨定居，这些地方仍然在兴安县管辖范

① （清）苏凤文：《广西全省地舆图说》，国家图书馆藏同治五年刻本。
② （清）北洋机器总局图算学堂：《广西舆地全图》，国家图书馆藏光绪三十三年石印本。

围之内。归属龙胜以后，龙脊壮族先是和官衙同属南乡上半团，后来因夫役分派不均，加之当时为来往官员建筑的塘房为官衙人独霸，两者发生了冲突，打了几年官司，结果龙脊诉讼胜利，并完全脱离官衙独自成立一个半团，称为"龙胜南乡龙脊上半团"。在团以下，还有名为甲的组织。龙脊十三寨被划分为上、中、下三甲：上甲有毛呈、廖家、侯家三个屯；中甲有平寨、平段、龙辅、八难四个屯；下甲有金竹、枫木、江边、黄落、新寨和马海六个屯。每甲有一甲头（即甲长），一年一任，说是由各寨各户壮年男人轮流担任，但实际上多由头人制定，主要是收集委牌钱、传递公文、传讯案件，有时还代理头人出席各种会议。①

清朝灭亡后，龙胜厅改为"龙胜县"，"通判"改为县知事。民国二年（1913），龙胜县知事黄祖瑜颁布《喧告》，试图"革苗俗为唐俗，变土装为汉装"，进行风俗改良。同时并派员下巡，如遇妇女穿裙子的，用铁钩刮破，引起龙胜各族民众的不满。②更为令龙脊民众不满的是，随着改朝换代的进行，苛捐杂税也一天天加重，逼得龙脊民众起来反抗。到民国四年（1915），龙脊地区自动归附兴安县管辖，同时并设立了龙脊团务支局，归属兴安县西外区团务分局管辖，设局董数人处理行政事务。龙脊归附兴安以后，由于龙胜、兴安两县的界限古来未清，而龙脊正处在边缘地带，且当时连年动乱，统治者无暇顾及，当地民众确实减轻了不少负担和痛苦。到民国十四年（1925），灵川县人李天骏

---

① 樊登、粟冠昌等：《龙胜各族自治县龙脊乡壮族社会历史调查》，载广西壮族自治区编辑组《广西壮族社会历史调查》（第一册），广西民族出版社，1984年版，第91—92页。

② 谭云开、潘宝昌：《民国时期龙胜县政始末见闻》，载《龙胜文史》1986年第2辑，第2页；龙胜县志编纂委员会编《龙胜县志》，汉语大词典出版社，1992年版，第116页。

到龙胜任县知事。就任后，协同其司爷廖鸿飞（壮族，龙脊马路人）到龙脊劝群众归属龙胜管辖。李、廖二人到龙脊时，龙脊三廖（廖昌元、廖景胜、廖兆祥）不肯出面，并暗地使妇女用大粪泼淋李天骏和廖鸿飞，赶他们走。李天骏也莫奈其何。[①] 对于龙脊壮族地区的内部自治状态，时人萧葆璓评述道：

　　该地本属兴安，而距兴安百余里，距龙胜县城仅六十余里，故龙胜县府前往征收粮赋，则藉词属兴安；兴安前往，则藉词属龙胜。兴安既鞭长莫及，以其既属化外，而田亩暨为山田，清查不易，赋税无多，遂亦置少之，以致养成坐大之心。[②]

不过，自治自保的好日子并没有持续太久。民国二十二年（1933），龙脊十三寨壮、瑶族民众参加了声势浩大的桂北瑶民起义。次年，新桂系当局令七十团第一营前往镇压。新桂系当局对龙脊古壮寨及其周边的少数民族民众进行了残忍的屠杀。在这种背景下，原自称是兴安县管辖的龙脊地方民众只好转归龙胜。其呈文即前述廖鸿飞代写：

　　所有龙脊地界，实属龙胜地方。抗拗惟有三廖，昌元、景胜、兆祥。次盅惑民众，煽动抗缴钱粮。借归兴安为词，实作化外之乡。收得钱粮税款，完全充饱私囊。一则欺骗龙胜，二则蒙蔽中央。恳请拨归龙胜，免作化外之邦。[③]

---

① 谭云开、潘宝昌：《民国时期龙胜县政始末见闻》，载《龙胜文史》1986 年第 2 辑，第 7 页。

② 萧葆璓：《七十团第一营参与龙胜一隅平猺经过》，载广西壮族自治区编辑组《广西瑶族社会历史调查》（第四册），广西民族出版社，1986 年版，第 121 页。

③ 86 谭云开、潘宝昌：《民国时期龙胜县政始末见闻》，载《龙胜文史》1986 年第 2 辑，第 10—11 页。

此后，龙胜县政府正式接管这一地区，并划入了镇南乡。民国二十四年（1935），新桂系当局开始在苗、瑶等少数民族聚居地区推广乡村甲制度。龙脊十三寨被分属于6个行政村：龙脊村包括廖家、侯家和平寨；平瑶村即毛呈；新落村包括新寨、黄落和八难；枫木村包括枫木、龙辅和平段；金江村包括金竹和江边；马海和周边其他的归为黄江村。而此时与龙脊十三寨相交界的金坑地区尚属于兴安县管辖范围之内。

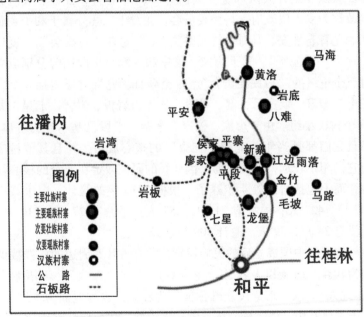

图1-1 龙脊十三寨地理位置示意图

新中国成立之初，龙脊十三寨地区仍归属龙胜县南区镇南乡。1953年5月11日，龙胜对行政区划进行调整，全县设6个区71个乡。原龙脊十三寨地区归属第二区，并分别成立了3个乡：龙脊乡由毛呈、廖家、平寨、平段和侯家等组成；金江乡由龙堡、金竹、枫木、新寨、江边、黄落和八难等组成；海江乡由马海和以前不属于龙脊十三寨的别屯组成。1958 年，开始实行政社合一，成立人民公社。原龙脊十三寨属于和平公社，后分别成立了金竹大队、龙堡大队、新罗大队、龙脊大队、平安大队、马海大队。1963 年 5 月起，又恢复到原来的区、乡建制。1969 年 2 月，再一次改回公社、大队制，龙脊十三寨分属于和平公社海江大队、龙脊大队和金江大队。1984 年 8 月，公社、大队分别改称为乡人民政府、村民委员会，龙脊十三寨分属于和平乡金江、龙脊、平安、马海等村民委员会。① 龙脊"村委会"一度还被称为"村公所"，其下廖家、侯家和平寨、平段还曾分别成立过三个屯级的"村民委员会"。时至今日，龙脊村还包括 8 个自然屯：廖家、侯家、平寨、平段、岩湾、岩板、岩背、七星，共 13 个村民小组。由于廖家、侯家、平寨、平段已基本连为一体，而且它们都是当年"龙脊十三寨"的核心成员，并且其他村庄与它们相距较远，调查不易，因此我的研究限定在龙脊的核心社区，而不包括岩湾等 4 个寨子。根据 2010 年的统计，廖家共有 107 户，427 人；侯家有 71 户，257 人；平寨有 27 户，110 人；平段有 24 户，99 人。总计 209 户、893 人。

按照新中国成立后的民族识别，龙脊古壮寨周边的族群被识别为壮族、瑶族以及汉族。龙脊壮族自称"布也"，汉语意为"本地人"。汉、瑶族民众既称他们为壮人，也称他们为本地人。姓氏主要有廖、潘、侯、陈、蒙、韦六姓。主要居住在金竹、枫木、龙堡、江边、新寨、八难、廖家、侯家、平段、平寨、平安

---

① 参见《广西壮族自治区龙胜各族自治县地名录》，龙胜各族自治县地名领导小组办公室，1986 年印，第 136—140 页；龙胜县志编纂委员会《龙胜县志》，汉语大词典出版社，1992 年版，第 3—6 页。

等寨子。瑶族主要居住在龙脊十三寨外围的金坑地区，那里有大寨、中六、小寨、田头等 20 多个村寨。它们和龙脊地区的联系还是很密切的，不仅拥有相同的生产方式，住的房屋样式也差不多，而且他们的服饰具有鲜明的"尚红"特征，故又被称为"红瑶"。唯一的例外是黄洛寨，它处在龙脊十三寨地域范围内，曾经是其组成成员。汉族居住在更远的外围，多居住在海拔较高的山上，如八难寨附近的岩底、大虎山等寨。因他们祖籍多是湖南省新化县，故又被当地壮族称为"新化族"。据说，龙脊壮族地区的师公以前也是拜新化人为师，身入梅山教，才学会了架花桥、打道场等一系列宗教仪式。

第二章 景观的变迁：
生态重建的历史场景

　　景观（landscape），原是一个地理学名词，主要指一定区域内由地形、地貌、土壤、水体、植物和动物等所构成的综合体。由于对第三世界国家的土地利用模式非常感兴趣，环境人类学家借用了这一学术概念。在环境人类学家看来，是人类活动使自然景观发生"积极的"或"消极的"环境变迁。为理解生态变迁的过程，环境人类学家关注的是理解人类的行为，即什么行为导致了生态系统的退化？又是什么行为导致了森林覆盖率的增加或减少？[①] 在本章中，笔者将借用"景观"概念，用历史学的方法重构壮族、红瑶以及"楚南棚民"的迁徙史，进而分析这些族群的农业开发对该区域生态的消极影响。然后，将研究的时空拓展到新中国成立后，一方面，试图重现原有景观格局发生改变的历史进程；另一方面，深入分析生态系统的退化及其灾难性后果，切实展示龙脊古壮寨生态重建的必要性和严峻性。最后，分两个阶段对生态重建的进程进行粗线条概述，为后文的研究提供一条总体性脉络。

---

① Emilio Moran. Environmental Anthropology. In David Levinson & Melvin Ember, eds. *Encyclopedia of Cultural Anthropology*. New York：Henry Holt and Co, 1996.

一、从山林到农田：农业开发的消极影响

龙胜山高林密，地处桂湘黔的交界之处，故历来经济发展受到严重制约。从史籍记载来看，宋代时，今龙胜境内已有侗族、瑶族、苗族先民的活动。当时，侗族先民主要居住在平等河流域，从事稻作农业生产。西迁的苗瑶族群开始通过南岭走廊进入龙胜东部，并与侗族先民形成对抗之势。而壮族先民进入龙胜则要更晚些。根据现有的文献和口述资料，明万历中期至清朝初年，壮族先民或因瑶民起事，或因族群争斗，或因苗民起义，方渐次迁居龙脊十三寨。此时，龙脊十三寨的周边地区，还出现了红瑶的踪影。清嘉庆以后，毗邻龙胜的湖南宝庆府、永州府汉族民众因原籍人口繁衍多，生存压力大，渐次通过资江通道和山地通道迁居而来，并对更偏僻的高山地区实行开发。

（一）壮族迁入与初步开发

龙脊廖姓壮族迁入的时间是明朝中后期，然而具体的材料，却仍有稍微不同的说法。首先是最权威的《廖姓宗支部》①，该材料记载"入地来历"曰：

"始开自祖廖氏来历，昔古居住山东省，由泰安州出世而来，欲往粤西庆远府河池州南丹县安居，后有数百余代。因有瑶匪滋〔事〕生端，干戈不休，抚养不顾，三②往兴安县……安居兴安县富江峒下五排居住③，安有数百火烟、数百余代。太高祖廖公

---

① 《廖姓宗支部》为廖家历代寨老相传之物，内容涉及祖宗来源、买地契约、兴、龙两邑地界交涉以及处理瑶民与湖南汉族移民之间纠纷等方面，不少文字是对龙脊区域史的仅有记载，具有很高的史料价值。

② 疑为"迁"——作者注。

③ 疑"居住"衍——作者注。

承价买山业，高祖良环、良补、胜斋安居溶江峒蕉岭塘，住有数十余代火烟为家。后曾祖长宗登泰安居溶江蕉领塘，后往新寨，安成香烟数十余代；次祖宗登仁安居龙脊，开山耕土。"①

从上述引文中可以看出，龙脊廖氏先祖先是从山东泰安州迁居到广西南丹县，然后又迁居到兴安富江峒下五排，价买山业后，分居到溶江峒蕉岭塘。到廖登仁时，才迁居龙脊，是为龙脊廖姓始祖。然而，对廖登仁迁居的时间，《廖姓宗支部》并无明确记载。对此，民国元年安碑的《廖姓始祖碑文》曰：

"至明万历年间，有登泰、登仁兄弟移居龙脊。后登泰复容江，登仁独往廖家寨，开辟斯土，创制田园。二世曰恩，三世曰斋，由是而后有分新寨、金竹，又由廖家、新寨分支而外住者。"②

明确地把廖登仁迁居的时间定在"明万历年间"。类似的，廖家寨广为传播的《龙脊廖姓祖先迁移定居及发展情况》一文则明确提出："据世邦公墓碑文字记载推算，从仁公迁居龙脊迄今有五十余世，经历四百余年。"③ 如此算来，当在明代中后期，亦即明万历年间（1573—1620）。

与廖姓类似，龙脊潘姓壮族说他们的祖先亦系从南丹、河池

---

① 这份材料弥足珍贵，它是历代寨老（现称为"寨主"）相传之物，因此史料的可信度是很高的。正如前文所言，我也是偶然获得这份材料的。那天与房东（他就是如今的"寨主"之一）喝酒喝得尽兴，后来他才拿出了这份材料，并告诉我它的来历。

② 《廖姓始祖碑文》，载廖国、廖仕贵：《溶江蕉林、新寨及龙脊廖家宗族简史》，龙脊村廖家廖兆干家收集。

③ 廖国、廖仕贵编撰，从龙脊廖家廖兆干家收集。

图 2-1　廖姓先祖廖斋碑文拓片

等县迁来，时间在乾隆四年（1739）。龙胜县大木等处潘姓始祖碑言：

> "潘姓系自河南荣（滎）阳县迁本省南丹、河池、庆远等县，因苗乱于清乾隆四年，本支始祖发达公，复迁龙胜大木村世居焉。厥后日渐蕃（繁）衍，分迁各处，今蛰蛰之数百户，同一血统也。溯木本水源，天高地原，僅（谨）勒石碑，以示

不忘。"①

该碑参与村寨多达 16 个，其中就包括平寨、龙堡、江边、八难、新寨等龙脊十三寨成员，这说明龙脊潘姓是认同大木始祖的。不过，有的学者却根据一些文献和访谈资料提出，龙脊潘姓壮族是"壮化"红瑶的后代。其理由是，龙脊廖姓先祖曾向潘姓瑶族购买山林。对此，笔者觉得，不能否认这种可能性，但更大可能是潘姓壮族亦是迁徙而来。理由有二：第一，据民国十九年（1930）《潘姓宗支部》抄本记载：平段潘姓二世祖潘庭神于乾隆五年（1740）八月初二日生长子天专。由此推测，潘姓一世祖潘富江迁居龙脊当不超过 40 年。至乾隆五十七年（1792）前后，潘天红带头到桂林府控告差役滋扰，自称为"壮民"。短短几十年，不可能这么快就改变自身的民族认同和属性。第二，大量口碑资料证明龙脊潘姓壮族系迁徙而来，并且与金坑潘姓红瑶有一定的血缘联系。如平寨潘瑞荣老人言："因为四公老打架，第三个从南丹庆远府跑到三江，后又跑到和平，在那里住下了，生了十多个仔，第二个仔才到龙脊来。和平大木就是本地潘家一族的，我们曾去那里参加庆典。前年还去大木参加立祖坟碑。还有的就分到金坑七寨，那边都变红瑶了。我们和金坑那里的'老话家'一样讲的。"② 平段潘瑞贵老人佐证了潘瑞荣老人的说法："老祖宗是广西南丹庆远府到大木等处，以前是在广东的。我们是广东的少数民族，来广西南丹去住。当地有个大石板，特别适合晒谷用，后来与大汉族发生争用晒谷坪的事件，到衙门去告

---

① 《龙胜县大木村等处潘姓始祖墓志碑》，载广西民族研究所编：《广西少数民族地区石刻碑文集》，广西人民出版社，1982 年版，第 160 页。当年的编辑者还有编者说明："后段叙述由庆远、南丹迁来，与封建王朝征调狼兵屯戍有关。"

② 2006 年 8 月 21 日于和平乡龙脊村平寨访问潘瑞荣老人，时年 80 岁。

状，由于衙门庇护汉人，就告输了，不得不逃离。搬到了和平大木来住。公老有六个仔，有个在飘里，有两个到金坑，有个到江路，有个到岭背……到平段已经 13 代了。"① 潘瑞贵老人读过书，对历史上曾受民族压迫的事实有所认识，因此把晒谷坪争执算到了汉族头上。有意思的是，两位老人皆提及有两个潘姓族兄弟搬到金坑那里去。可见，很可能有部分壮族血统融入了红瑶族群之内。

大约与潘姓同时，侯姓开始迁居龙脊。据 20 世纪末纂修的《侯氏族谱》记载：

"相传侯氏的祖先是南丹县庆远府土州人，因与独眼瑶王争持晒谷石后发生大规模的械斗。壮族失败而逃离故土。先沿小河下，后沿大河山，过金城江时因缆断，九姑娘被水卷走。前后逃难历时三年。撞过十八道关卡，在三江青龙界耕种颗粒无收。又到飘里金石住半年，才到和平街，当时的和平街叫古流寨。据坟碑上的记载推测祖先离开南丹时，约在顺治年间即 1644—1662 年这段时间。乾龙王平苗后在古流寨设理苗分府又叫官衙。这样在乾隆十一年古流寨的地名即改为官衙，解放后官衙又改名和平。由于在和平设立官衙后祖先们怕自己逃难的事故败露，又相计（继）逃离和平，分居龙脊、泗水、里排。"②

上述记载出自侯家寨退休教师侯庆英的手笔，主要综合墓碑记载、民国十八年侯家清明会宗支部记录以及老一辈的口传资料写成。从这份族谱中，我们可以约略看出：侯姓很可能是乾隆年

---

① 2006 年 8 月 29 日于和平乡龙脊村平段访问潘瑞贵老人，时年 74 岁。

② 侯庆英：《侯氏族谱·前言》，藏龙脊村侯家寨侯晓平家，编纂于 1997 年清明。

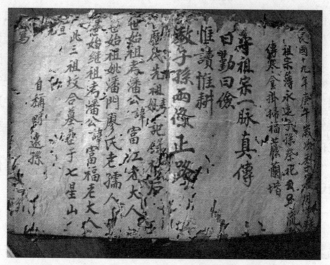

图2-2　平段寨所藏民国十九年潘姓宗支部抄本

间从南丹一带迁来，原因与潘姓类似。这一推断可以从平段寨潘瑞贵老人珍藏的民国十九年（1930）《潘姓宗支部》抄本中得到佐证。根据该抄本记载：潘家的一世祖潘富江，娶妻廖氏，生廷神；二世祖廷神，外家系侯家寨；廷神之长子天专生于乾隆五年（1740）八月初二日，所配妻室为马城（即今平安寨）廖氏；次子天然，生于乾隆十一年（1746）十一月十一日，同样从马城娶得妻室。由此，笔者得出两点结论：一是至迟在清乾隆五年（1740）之前，廖家、潘家、侯家已全部到龙脊定居，否则就难以解释三姓之间的复杂婚配关系；二是该宗支部很可能是先前所立墓碑的一种抄录，虽然并未交代潘富江及其子廷神的生卒年，但却记载了其埋葬地点。

　　廖、潘、侯三姓壮族迁居龙脊以后，开始在这一带"开山辟土，创置田园"。[1] 为从事稻作农业生产，三姓壮族先民先要把原生的林木杂草清理掉，然后把坡地改为梯地。种植两三年后，再将梯地改造成梯田。更为难得的是，勤劳智慧的壮族人民就地取材，将楠竹剖开，除掉内节，制成简易水平仪，一段一段地、一层一层地从下面往上平整，一条一条山梁地开发。[2] 经过数代人的不懈努力，三姓壮族先民终于将龙脊由原来的荒山林地开发成高产稳产的稻作梯田。

（二）瑶、汉迁入与持续开垦

金坑潘姓红瑶世代相传的《大公爷》迁徙史诗曰：

"落在官牙（衙）大木。男人因为争鱼晒，女人因为片纱塘。难得安身在处，又落在龙胜龙脊……因为壮人技巧田头装刺。他公乖赤脚入田。我公呆穿鞋入田。一日穿烂三对鞋。织不得万对鞋。做工日子少，织鞋日子多。难得安身在处，抛土离地，走土离乡。落在黄落界底成寨……又随江寻上，落在翁江。在那吃穄子，倒树头，吃树尾。树滥（烂）三年吃萤子，砍山种黍，木皮盖屋……入了金坑大寨白竹坪……扛天不动，扛地不移。"[3]

从上述引文来看，潘姓红瑶在迁徙过程中曾经路经官衙（即

---

① 廖国、廖仕贵：《溶江蕉林、新寨及龙脊廖家宗族简史》，龙脊村廖家廖兆干家收集。

② 参见廖忠群主编：《廖家古壮寨史记》，2010 年印，第 9 页。

③ 钟朝荣等：《兴安县两金区瑶族社会历史调查》，载广西壮族自治区编辑组：《广西瑶族社会历史调查》（第四册），广西民族出版社，1986 年版，第 347—348 页；另刊载有类似内容的还有张一民、何英德：《龙胜各族自治县部分地区社会历史调查》，载广西师范大学历史系、广西地方民族史研究室编：《广西地方民族史研究集刊》第三集，1984 年印，第 310—314 页；龙胜各族自治县民族局：《龙胜红瑶》，广西民族出版社，2002 年版，第 101—102 页。

今和平圩）大木，而后顺江而上，落在龙脊。虽然龙脊生产条件好，常年流水不断，但由于受先来的壮族欺负，不得不再次迁往黄落界地。又经过在翁江的"刀耕火种"历练，最后才走到金坑大寨白竹坪一带，学会了发展稻作农业生产。总之，这条资料说明了潘姓红瑶的迁徙路线，且表明在龙脊地界他们要比壮人来得晚。另据现存清代文契资料，金坑大寨一带的潘姓瑶族多被称为"瑶佃"。清嘉庆十一年（1806）的《蕉岭塘新寨诉状书》声称："今瑶佃耕种数百余户，止岂完银八钱四分，乃金坑大小等村耕田户数百余亩，未必正八钱四分税，焉能度活万人之口。"① 最后还详细列举了"瑶佃各村寨名单"，涉及的村寨有旧屋村、小寨、新寨、大毛界、大寨、田头寨、壮界、中楼、翁江、源头、柘寨等。笔者收集的《廖姓宗支部》中，有一件嘉庆十年（1805）的"兴安县溶江峒蕉岭塘新寨当龙胜分府朱主剖案兴安两地合同存照"，同样多次提及"金坑大寨瑶佃"。可见，潘姓红瑶迁居到金坑地区很可能在明万历三十九年（1611）以后，否则他们就不会集体地成为"瑶佃"。所以，保守地说，金坑红瑶很可能是在明末清初时期才迁居至今龙脊十三寨周边地区。

　　与红瑶相比，汉族迁居龙脊及其周边地区的时间要更晚些。清乾隆六年（1741），吴金银等发动的农民起义被镇压后，汉族人口才开始大量迁入龙胜辖境。一方面，官府征调不少外地汉族到新设立的龙胜理苗分府当兵，有的世居于此，逐渐繁衍。另一方面，自发从东、南、西三个方向迁入的汉族商贩和各行工匠人

---

　　① 广西壮族自治区编辑组：《广西少数民族地区碑文、契约资料集》，广西民族出版社，1987 年版，第 220—221 页。

图 2-3 载有棚民之事的廖姓宗支部

员数量更为庞大。① 值得注意的是，无论是因军事征调而入境的汉族民众，还是因经商和手工艺而定居的汉族民众，他们基本上都居住在基层的政治、军事或经济中心，较少深入少数民族聚居

---

① 参见龙胜县志编纂委员会：《龙胜县志》，第64页。另据张一民、何英德《龙胜各族自治县部分地区社会历史调查》记载：新中国成立前，和平乡和平街上居民很少，廖、侯姓氏当地壮族。周、李、黄姓老家在江西，先是在灵川住了五六代以后才到和平居住，到20世纪80年代初，已经繁衍了七代；雷姓和谢姓则从湖南来，才来三代；莫家从灵川来，已有三代。白水村九龙屯也有汉族居住，赵、王姓从百（疑"百"误，似应为"白"）水源头来，苏、李、曾、阳从灵川来。泗水乡泗水街上原来汉族更多，秦、周、梁姓老家是江西吉安府卢陵县，先是迁居到灵川潭下老街上，后因做手艺才来泗水（载《广西地方民族史研究集刊》1984年第3集，第303—338页）。

的山区，因此在山区农业开发上并没有取得突出成绩。真正与龙脊十三寨壮族地区发生关联的是来自湖南新化县一带的农业移民，他们在史籍中多被称为"楚南棚民"。迁入龙胜的"棚民"多来自与龙胜毗邻的湖南宝庆府新化、溆浦等县，少部分来自永州府零陵县等，因此如今多称之为"新化人"或"溆浦人"。早在乾隆丙午年（1786），龙脊廖家头人廖文贵、廖海蛟、廖才造和时属兴安县四甲的中楼瑶民潘四保一起谋划，将黄落隘内的茶原山批与楚民殷盛宗佃耕。后来，因潘四保亡故，金坑大寨的瑶佃不知道此举已经得到地方头人的批准，竟然连续多年毁坏殷姓种植的庄稼，因此引发了严重的冲突。在兴安廖姓族兄弟廖尔瑚的过问下，最后决定："照先批招帖剖班，遵依桐木小岭为界，又补批石滂滩，付与殷姓佃开砍挖种土，以免后患。倘后猺佃人等滋事，再持横蛮，亦任殷姓执字，经地主禀官究治。即日所立杜后字存据，任殷姓乃照前批字界限，日后在山隐匿生端，不准佃耕种土，如有来历等情，山主一面承仓理落。"① 由此看来，楚南民众进入龙脊地区的时间绝不会晚于1786年。既然是"佃耕种土"，必然要向廖姓地主缴纳租金，否则是难以承佃的。然而，楚民殷姓的"砍挖种土"行为却遭到邻近的金坑瑶佃潘日亮等的阻挠，并"将山吞占"。最后，只好在兴安、龙胜和楚南三方人事的共同协商下才得到解决。到嘉庆十一年（1806），移居龙脊廖氏势力范围内的楚南民众数量已经十分众多，不仅有前述殷盛宗等人，而且还有曾、陈、刘等姓。据清代文契资料记载，其时"楚民侵占金竹隘十二里"，"曾国正盗砍土名中流山一块，系农民潘学文、抽谭能旺、黄光宗混批；土名龙角山，系廖仁耀批，陈相宝混砍；土名金竹隘，系潘天红批的，刘君扬盗

---

① 参见龙脊村廖家寨寨主廖贻壮所藏《廖氏宗支部》。

砍；批土名黄落隘，二十里山内，住有数十余户，侯勘查明承缴"。[①] 两年之后，龙脊廖氏头人廖海蛟、廖才造、廖海京鉴于楚南民众的日益增多，且出现各山棚户抗违"稽查公务"的情况，为此向当时的龙胜理苗分府申请在棚户区设立山长，令其"各管棚户公案"。据《廖姓宗支部》记载，新设立的山长如下：

> "棉花坪大虎山设长，李泽飞；马海路底山设长，方亨伍；岩底桥木登山设山长，蔡必龙；马塘平道山设山长，陈学阅。"

从涉及的姓氏来看，与上文所提到的有所差别。这是因为这次所提到的棉花坪、马海、岩底和马塘，当时都在龙胜境内，而前面所讲的中流山、龙角山、金竹隘、黄落隘，当时都在兴安境内，所以两次提到的姓氏重合的不多。

总的来看，红瑶、楚南棚民先后迁居龙脊及其周边地区，加快了龙脊及其周边山地的开发进度，不少森林茂密之处被改造成农田。后来的楚南棚民主要从事垦山工作，把宜林山地改造成旱地，以种植玉米、红薯、木薯以及稗子等旱作谷物为生。在与壮族交往的过程中，红瑶、汉族向他们学习水稻种植技术，同样开发、建造了规模宏大的高山梯田，成为南岭山区的独特文化景观。

（三）农业开发对区域生态的消极影响

据宋范成大《桂海虞衡志》载："瑶之属桂林者，兴安、灵川、临桂、义宁、古县诸邑，皆迫近山瑶……桑江归顺五十二瑶

---

① 《蕉岭塘新寨诉讼书》，载广西壮族自治区编辑组：《广西少数民族地区碑文、契约资料集》，广西民族出版社，1987年版，第220—221页。

头首。"① 时在北宋年间，今龙胜县地尚分属于义宁、兴安等县。由此，可确证瑶族先民已经在今龙胜境内居住。但这些瑶族先民是哪个支系？他们又具体居住在哪些地区？是否已进入龙脊十三寨范围内居住？这些谜团都有待以后慢慢解决。不过，可以肯定的是，瑶人在兴安、龙胜、灵川等县进入历史记载要比"撞人"早。元代，龙脊十三寨周边地区出现了瑶人活动的踪迹。道光《义宁县志》曰："元泰定元年（1324）七月，招谕义宁、灵川等处猺。维时庆远猺酋潘父绢等率众来降，署为簿尉等官有差。"② 乾隆《兴安县志》曰："崇祯三年冬，金坑猺獞劫掠西延，杀死人数十。抚按委员督兵驻扎灵川六都堵御。明年春月，进剿。猺獞自缚渠魁以献。"③ 同样地，民间所藏契约亦同样证实了瑶人的广泛存在。根据龙脊《廖姓宗支部》，明代万历三十九年（1611）前，兴安县富江峒（今兴安县溶江镇富江村）一带有大量潘姓瑶人居住。由于潘姓瑶人占据着大片的山林，廖姓人只好向他们购买荒山。然而，这些人是否是今金坑地区的红瑶支系？笔者还不能下定论。

由于无法确证谁是龙脊地区的最早居民，故无法确认该区域内最早的农业开发始于何时，究竟是过山瑶的刀耕火种，还是壮族先民的梯田稻作？不过，种种迹象表明，三姓壮族落籍之前，龙脊古壮寨周边地区山林密布，人烟稀少，可以说完全是所谓的"荒山地土"。清乾隆初年，两广总督马尔泰上奏说："桑江与楚省城步县之横岭等峒，暨绥宁县之界溪等一带苗寨毗连，山高菁

---

① 〔宋〕范成大撰，孔凡礼点校：《范成大笔记六种》，中华书局，2002 年版，第 142—143 页。

② 〔清〕谢沄修：《义宁县志》卷六《史略》，台湾成文出版社据道光元年抄本影印本，第 161 页。

③ 〔清〕黄海修：《〔乾隆〕兴安县志》卷十《纪事》，清乾隆五年刊本。

密，不一其名，而暨山大箐回环三百余里，尤为幽险。"① 虽然
龙脊壮族地区当时尚未进入桑江司辖区，但作为相邻的山区，其
周边情况应该是极为类似的。当然，《廖姓宗支部》记载的相关
买山契约亦佐证了笔者的上述设想，如万历三十九年（1611）
的契约云："其地山土，任从廖姓耕管受业，开慌（荒）种土等
事"；康熙四十二年（1703）的契约称之为"茶山"："其茶山土
住从廖姓修禁管业"；雍正庚戌年的契约所交易的同样为"茶
山"，并明确提出"任从买主廖姓修禁，开土管业"。② 这些契约
说明，到清代康熙、雍正年间，龙脊周边的山地已经历了初步开
发，并大多种植茶叶。

　　壮族先民进入龙脊山区以后，开始花费大量心血开荒，一方
面开田辟土，延续传统的稻作文化；另一方面从事茶叶种植。其
后，"龙脊茶"成为朝廷供品，连邻近的义宁县也深受影响，并
在山区大量种植。③ 由于龙脊及其周边地区森林茂密，资源丰
富，短时间内并没有给当地带来生态性的灾难，但却进一步改变
了龙脊及其周边地区的动植物分布格局，景观的人为干预程度进
一步增加，所反映的人类文化影响的程度也在逐渐增强。然而，
随着红瑶和汉族的进入，龙脊及其周边山地迎来了新一轮的开发
浪潮。由于玉米"不畏旱涝，人工少而所获多"，"凡山头地角
之可为粒食之助"④，故在清道光以后，以砍山种杂粮为生的
"楚南棚民"大量涌入龙脊地区。由于龙脊地区水源充足、较易

---

　　①　〔清〕谢沄修：《义宁县志》卷六《史略》，台湾成文出版社据道光元年抄
本影印本，第169—170页。

　　②　皆见于前引《廖姓宗支部》。

　　③　〔清〕谢沄修：《义宁县志》，其序文有"其物产，则有苓香、龙脊"之语；
卷六《艺文志》有清乾隆贡生黎映斗所纂《龙脊茶歌》。

　　④　〔清〕黄宅中、张镇南修，邓显鹤纂：《宝庆府志》末卷中，中国地方志集
成影印本，第三册，第654页。

开垦的林地大部分已经被先来的壮族、瑶族占据，故外来的汉族只好向更高的山岭进发，砍山种植玉米、红薯、稗子等杂粮，以巨大的生态环境代价换取短期的经济利益。

对于棚民农业开发所带来的环境破坏，著名经济史学家赵冈曾针对性地指出："这些山区土地绝大部分是斜度很高的坡面，只有密集的天然植被可以保护其地表土壤不被雨冲刷。树木被砍伐后，坡面完全裸露，即令是种了玉米、靛青等作物，仍然无法保护地表。由于坡度很大，雨水的冲刷力极强，凡是被开垦的山区农地，多则五年，少则三年，表土损失殆尽，岩石裸露，农田便不堪使用，棚民迁移至他处，如法炮制。""他们经常迁徙移动，遗下的就是一大片一大片童山秃岭，长期无法恢复原貌，造成永久性的山区水土流失的问题。"① 笔者认为，这一论述对龙脊地区的"楚南棚民"同样是适用的。由于他们耕作方式粗放，大部分实行刀耕火种，因此给龙脊本就稀缺的土地资源和脆弱的生态系统造成了极大的破坏，再加上大量森林被砍伐，山区旱地坡度大，水土流失严重，山林蓄水储水能力降低，龙脊及其周边地区民众抵御自然灾害风险的能力也有所降低，对整个区域的生态环境产生了消极影响。

二、从均衡到退化：政策失误的生态恶果

新中国成立前，龙脊壮族人口数量不多，以稻作农业生产为主要的生计方式，同时兼营旱作农业，农闲时还通过采集和狩猎来改善食物的结构。由于森林覆盖率仍然很高，龙脊山的泉水足够三姓壮族生产生活之用，可以说，整个梯田文化生态系统在相

---

① 赵冈：《中国历史上生态环境之变迁》，中国环境科学出版社，1996 年版，第 63 页。

当长的历史时期内保持了一种"动态均衡"的状态。即或偶尔发生不利系统运行的行动，但基本上都还在系统弹性的承受范围之内，因此从未发生过长时期的、大规模的生态灾变。新中国成立后，国家推行土地改革，龙脊古壮寨民众的生产生活欣欣向荣。不过，国家的农村政策走向随后逐渐发生失误。先是发起大跃进和人民公社运动，后再加上十年"文化大革命"，严重干扰了龙脊古壮寨民众的正常生产和生活，影响到整个梯田文化生态系统的正常运行。改革开放初期，随着家庭联产承包责任制的推行，龙脊古壮寨民众的生产生活逐渐有所改善，但由于掀起了大规模开垦荒地、发展养殖业的浪潮，大量的山林随之遭受严重的破坏，动摇了整个梯田文化生态系统的根本。在相当长的一段时期内，龙脊梯田文化生态系统出现退化的状况，并连续性地发生旱涝灾害等生态性灾变。

（一）"开战自然"导向的失误性政策

在对中国环境问题进行研究时，美国学者沙皮罗（Judith Shapiro）提出，虽然毛时代的环境退化可以归于诸如贫穷、人口膨胀、可耕地限制、政策失误之类的问题，但这些退化的潜在动力是在全国范围内向自然开战。[①] 由于政治压力和"左倾"冒进思想的影响，中国政府在全国范围内开展了大跃进和人民公社化运动，实行全民"大炼钢铁"，大放"粮食卫星"和"木材卫星"，开展向山要田、围湖造田之类的农田扩张运动，客观上给中国各地的生态环境造成了很大的破坏。龙脊作为南岭山地之中一个壮族村寨，不可避免地要受到上述各种运动的影响，地方精英们常常不得不尾追着国家的失误性政策而行动，同样也给龙脊古壮寨及其周边的生态环境带来了极为消极的影响，其灾难性后

---

① Judith Shapiro. *Mao's War Against Nature*: *Politics and the Environment in Revolutionary China*. Cambridge University Press, 2001, p11.

图2-4   1958年龙胜放木材卫星实况

果在改革开放以后的若干年内明显地表现出来。

新中国成立之初，龙脊古壮寨仍实行土地私有制，各家管好自己的田、地、山林。后来，进行了土地改革，把地主、富农的土地分给无地或少地的贫雇农。1955年，开始组建初级社，几家思想先进户联合起来，带土地和工具入社。次年，升格为高级社，重新对土地进行划片管理。当时，农业生产得到了很大发展，粮食产量也稳步提高。然而，随着中央错误地估计了生产发展的形式，1958年在全国范围内开展大跃进和人民公社化运动，广西也不例外。1958年8月，环江县红旗公社放出了水稻亩产13万斤的"卫星"。在此之后，中共广西区委又多次在电话会议中，要求放钢铁、煤炭和木材的大卫星。10月18日，鹿寨县把利用土窑和在山沟里炼出来的烧结矿当作生铁，同刚挖出来的矿石加在一起放出了一颗特大"卫星"：日产生铁20万吨。10月27日，忻城县放出了日产煤110.36万吨的特大"卫星"。①

几乎与此同时，龙胜县委也在张罗着大放"木材卫星"，从三江、通道两县抽调200余人至瓢里宝赠成片砍伐杉林。桂林地委主办的《前进报》报道说："四万雄师进深山，大伐木竹支援建设，两次战役伐木8.6万多立方米，竹31万多根……今年木材生产总数121299立方米；等于全年（51398立方米）的236%。"② 在这种背景下，全县各地均砍伐杉木，并将各户积存木料清扫下河，其数无法统计。然而由于深山交通不便，木材拉不出山，霉烂在山上的木材不计其数。③ 由于龙脊古壮寨及其周边地区山多田少，树高林密，自然成为放"木材卫星"的好地方。因此，龙脊壮族民众在那个疯狂的年代不得不大量砍伐山林。谈及当时的荒唐事儿，平段屯的潘瑞贵老人说道：

1958年，我们龙胜大放"木材卫星"，收购价20多块钱一个立方，最低才18元钱。当时一个生产队抽出两个人，共几十个人组成专业林业队，专门砍伐林木，结果把我们组的杉木、松树全部砍光。后来，只好到岩湾那边去扛，我还曾经去扛过10多天，一天可以补助1.5斤米。不过，总的来说，他们高头那边离金江大路比较远，就没砍那么多。当时，林业队就见不得哪个人家楼底有木头，都卖掉给农民发工资。廖家寨有个叫廖承富

---

① 梁宝谓：《"大跃进"中的广西三大高产"卫星"》，载《广西党史》2002年第2期，第26—27页。

② 转引自龙胜县志编纂委员会：《龙胜县志》，汉语大词典出版社，1992年版，第155、第172页。

③ 参见龙胜各族自治县林业局编：《龙胜各族自治县林业志》，1999年印，第9、第66—67页。

的，准备起房子，既杀了猪，也请了客，结果所砍伐的林木被林业队带人给扛去卖掉了。

在大放"木材卫星"的同时，由于已经从高级社"大跃进"到人民公社，结果是一切生产资料归公社所有，农民只有集体劳动的义务，没有自主经营的权利。同时，把所有粮食统归集体，开办大食堂，一日三餐男女老少集中吃饭，生产上由公社、大队和生产队统一调度，经常开展大协作。劳动力还经常大量外出参加"大会战"，对当时的情景，潘瑞贵老人回忆说：

> 修金江公路时正值秋收，可上级领导说，"你们那点儿谷子算什么？别个地方更多谷子的都要参加！"结果搞得谷子无人收割，在家的妇女们只好收割后堆积起来。等男劳动力回来时，稻谷已经长出了芽子，吃起来味道都变苦了。这样一搞，到60年代的时候，粮食供给就一减再减，后来一个纯劳动力一顿才给1.5两米，只好加上谷糠磨碎一起吃。结果就发生了饿死人的事儿，有的在田里插田，就死在那里了。光我们平段就死了12个人。

其实，当时龙脊古壮寨生产的粮食足以自给，然而由于国家处于经济困难时期，实行高征购政策，大量的粮食往外调，结果造成民众余粮不足，大人们只好到山上挖野菜、草根、猫菀、剥树皮加工后，拌米糠制成"代食品"充饥，如此数月以来，人们的体力明显下降，普遍出现了干瘦、浮肿、妇女子宫脱垂、小儿营养不足等症状，开始出现非正常死亡现象，整个廖家寨有30多人因此饿死。[①]

---

① 参见廖忠群主编：《廖家古壮寨史记》，2010年印，第11页。

1962 年，中央提出"调整、巩固、充实、提高"的方针后，龙脊古壮寨开始停止开办集体食堂，实行以生产队为基本核算单位，把可耕的梯田按劳力和人口情况承包到户，还划定少量的田和山林作自留田和自留山，由各户自主经营，同时并鼓励有劳动力的农户开垦荒田自种自收，当时的口号是："大砍大造"、"敢于大砍，敢于大造。"① 随着包产到户的推行，龙脊古壮寨粮食慢慢恢复了自给，人们的体质逐渐得以恢复，人们也可以在市场上买到日常生活的必需品。然而，好景不长。1965 年搞社会主义教育，重新恢复了大集体，并开办养猪场，结果因防疫不及和粮食喂养不足而宣告失败。在此前后，龙胜县竟然不顾高寒山区的客观条件，放弃以林为主的生产方针，按照一般农区模式组织生产，提出"一亩变两亩，实现千斤县"的口号，硬性在全县推广双季稻，不断进行"禾苗排队"，搞不合理的密植。在晚稻田间管理上搞五化、六在田、五到田、五防②，农业生产处于严重萎缩状态。1964 年到 1965 年，双季稻在龙脊古壮寨的种植达到高潮。据潘瑞贵老人讲述：

推行双季稻时期，每年的正月二十几就开始插秧，光龙脊村就用了 1 万多斤谷种。然而由于天气冷，很多秧苗发生烂秧现象，还有的根本就被冻死了。后来每亩头稻大约能收五六百斤生谷。为了赶插晚稻，有的稻谷还没有足够成熟就被收割掉了。然

① 广西壮族自治区地方志编纂委员会：《广西通志·林业志》，广西人民出版社，2001 年版，第 4 页。

② 五化即田间管理专人化、施肥天天化、浅灌润管化、防灾防倒伏经常化、田间管理工棚化；六在田即生产、吃饭、休息、办公、开会、睡觉在田；五到田为干部社员到田、思想到田、工具到田、肥料到田、农药稻田；五防为防倒伏、防虫、防鸟、防鼠、防兽。

后就赶插二稻，有的还没等抽穗，就遭遇冰霜了。①

　　由于双季稻种植不符合龙脊古壮寨高山地区的实际情况，因此常常遭遇失败，并对民众生活有一定的负面影响。为了弥补集体分配的不足，村民们白天参与集体大劳动，晚上则偷偷去山上开垦旱地，种植红薯、木薯、包谷等。

　　"文化大革命"爆发前后，山西省昔阳县大寨村成为全国各地农村学习的典范，龙脊古壮寨自然不免受其影响。1972 年 10 月 25 日，广西区党委和"革委"联合发出通知，要求各地、市、县加快农业发展步伐，开展"农业学大寨"运动。随后，各县成立了"农业学大寨"办公室，开展试点工作。12 月中下旬，各县召开了"农业学大寨"经验交流会。次年 8 月，要求在全区范围内"开展声势浩大的社会主义教育运动，批判修正主义，批判资本主义倾向，深入开展农业学大寨运动"。号召广西农民向大寨学习，"毁林造田，大种粮食，不搞副业，大割'资本主义尾巴'"。② 在这种思想指引下，龙胜县、公社两级干部很快行动起来，不仅专程赶往昔阳大寨参观取经，而且很快就在全县范围内掀起了学大寨"斗资本主义、批修正主义"的运动，大办水利工程，并出现了开山围河造田的高潮。1973 年冬，廖家寨大力开展"农业学大寨"运动，分别在吉桑、山甲、更墓开出新田 30 多亩③、在龙脊村委会的纠纷处理记录中，曾经有一件廖家六组廖贻雄阻止岩背组新开水田一事，其中参与交涉的廖志芳说道："该田是 1972 年'农业学大寨'时开的，已历时 28 年时间，

---

　　① 2006 年 8 月 29 日于龙脊村平段寨访问潘瑞贵老人记录。

　　② 参阅广西文革大事年表编写小组：《广西文革大事年表》，广西人民出版社，1990 年版，第 204—323 页。

　　③ 参见廖忠群主编：《廖家古壮寨史记》，2010 年印，第 7 页。

已经经过几主承包后，今年土地返包，就分配给志坤承包。"①
据了解，该田位于距廖家寨很远的龙脊山另一侧，足见龙脊古壮
寨民众开山造田的范围之广。当被问及"农业学大寨"时的情
况时，潘瑞贵老人的讲述无疑证实了上述说法：

> 70年代"农业学大寨"时，开田造梯，我们这个组大概新
> 开了5亩。因为我们如果再去高头开的话，底下就没有水了，后
> 来就不给开田了。以前很少种旱地的，田里出产的东西基本上够
> 吃啦。后来我们为了弥补生活，的确开了不少旱地，用来种植包
> 谷、红薯、木薯、大豆等杂粮作物。②

如此看来，"农业学大寨"运动的确在一定程度上增加了可
耕地，也为龙脊古壮寨民众提供了更多的粮食产量。但不可否认
的是，随随便便的"开山造田"、"毁林开荒"、"砌墙保土"等
无视山地自然地理条件的行为，一方面清除了蓄水储水、防止水
土流失的森林和杂草，另一方面也自然地加重了水土流失和干旱
灾害的可能。

改革开放前后，中央政府很快认识到"农业学大寨"运动
的问题所在，及时地停止了这一运动。在党的十一届三中全会精
神的鼓舞下，龙脊古壮寨民众开始将大部分田分给小组，然后再
由小组承包给农户，收获后由生产队按年产量扣出社员劳动所
得，公粮购粮由户按承包产量平均上交，取得了很好的效果。但
由于当时龙胜县委怕乱，县委书记还亲自带领工作队到龙脊召开
群众大会进行"纠偏"。然而，已经穷怕了的龙脊民众没有屈
服，联产承包责任制在龙脊得以保持。1982年，全国性的家庭

---

① 2000年4月29日龙脊村纠纷处理记录，现藏龙脊村委会办公室。
② 2011年9月3日于龙脊村平段寨访问潘瑞贵老人记录。

联产承包责任制开始推行，龙脊民众很快公开地进行分田分地。不到半个月时间，龙脊古壮寨民众就把田、地、山林分给农户（荒山除外），以户为单位联产承包。当年冬天，县、乡才正式派工作队进村，纠正了一些不当的分配方案，填表上报予以认可。此后，龙脊古壮寨民众生产积极性大大提高，各户精心管好责任田、地，粮食生产当年就夺取了大丰收，各家各户基本上都解决了温饱问题。①

不过，由于在推行林业生产责任制时，照搬了农业的办法，把原有荒山林木分散到户。因刚摆脱集体经济的束缚，又害怕恢复到集体产权的时代，结果不少的家庭就把分到的山林大肆砍伐，换取生产生活资金。后来，国家的林业政策逐渐稳定，当初抢着砍伐林木的家庭开始后悔当初的鲁莽行为，然而为时已晚。与此同时，仍然存在开荒种地的现象。如1989年，龙胜县人民政府要求各地"发动群众共同多开新田"，并给予新修田"自收获之年起，五年不计征购"的优惠。② 为此，和平乡党委、政府还与龙脊党支部、村公所签订了"责任状"，并给龙脊村分配了开垦耕地指标：1990年开田6亩，开垦旱地21亩。③ 在这种鼓励开荒政策的指引下，乡村只能响应政府的号召，开垦出更多的耕地。据龙脊村公所1990年的工作总结记载："原有水田面积1021亩，耕地590亩，1990年新开田任务6亩，实际完成25.94亩，已办好验收贷款手续；1990年开垦新地指标21亩，现已完成117亩。"④ 这说明当时不仅曾开垦梯田，而且还开垦了不

---

① 参见廖忠群主编：《廖家古壮寨史记》，2010年印，第12页。

② 龙胜县人民政府：《关于鼓励开新田、修复水毁田的暂行规定》（龙政发〔1989〕105号），藏龙脊村委会办公室。

③ 龙胜县和平乡龙脊村1990年目标责任状，1990年2月27日，藏龙脊村委会办公室。

④ 龙脊村公所：《龙脊村九〇年工作总结》，现藏龙脊村委会办公室。

少旱地，而这正是在政府的"任务"、"指标"的要求下进行的，且村里超额完成了既定"任务"和"指标"。既然1990年已经有了非常优异的表现，那么接下来的一年同样应该有所表示。按照龙脊村党支部、村公所于1991年5月11日制定的《1991年耕地及开发面积统计表》，龙脊古壮寨的相关情况如下：

表2-1　龙脊古壮寨1991年耕地及计划开发面积统计表

寨别	组别	总面积（亩）	计划开发面积（亩）
廖家	第四组	2600	25
	第五组	1900	20
	第六组	2000	15
	第十一组	1900	15
侯家	第七组	1000	10
	第八组	1300	30
	第十二组	1500	20
平寨	第九组	1650	30
平段	第十组	1650	30
总计		15500	195

资料来源：龙脊村委会档案。

透过表2-1，我们可以看出：龙脊古壮寨的四个自然屯已经有了大量的耕地，到1990年时，人均耕地已经达到了1.30亩，其中水田从0.6—1.0亩不等[①]；而就在这种情形下，他们依然不顾已经接连发生的干旱灾害，继续开垦荒地。1992年，龙

---

① 龙脊村公所：《龙脊村九〇年工作总结》，1991年1月4日，现藏龙脊村委会办公室。

脊古壮寨的农田不仅出现了干旱灾害，而且还出现了洪涝灾害。

总的来看，无论是改革开放前的大放"木材卫星"、推广双季稻以及"农业学大寨"运动，还是后来进行的林业联产承包以及此后的农业发展决策，忽视了自然规律和经济发展规律，是对自然界的一种挑战，充斥着"人定胜天"、"人多力量大"、"与天斗，其乐无穷"之类的话语，刻意夸大了人类的主观能动性，在思想根源上是对中国传统的"天人合一"理念的完全抛弃，其客观结果则是消耗了本就稀缺的自然资源，人为地制造出影响深远的生态和文化灾难。龙脊古壮寨村民在各种自然灾害面前终于认识到滥开耕地的代价，慢慢地他们开始转变发展思路，通过其他的途径来收获更多的食物。

（二）生态灾变：生态退化的突出表现

由于奉行"向自然开战"的斗争哲学，忽视了滥伐森林的负面影响，后"文革"时代整个中国的农业生态系统都出现了退化的迹象。而在龙脊古壮寨之类的山区，由于森林砍伐严重，打破了相对均衡的梯田文化生态系统，不仅降低了系统抵御自然灾害的弹性，而且还增加了系统运行的不确定性，因此生态退化现象显得比平原地区更为严重。

1. 森林变少，绿山变秃

龙脊古壮寨四周多山，一山挨着一山，几乎没有什么山间平地，因此只好在村寨所在的山岭上开垦梯田和旱地维持生计，稍近一些的山岭大多为森林和旱地共存，再远至泗水乡境内，多为荒山。在各山岭上和梯田间，生长着不少野草，它们是水牛的重要食料来源。1958 年"大跃进"和人民公社化运动的进行，龙脊山岭上的森林被大量砍伐，区域生态环境第一次受到如此严重的干扰与损害；1973 年的"农业学大寨"运动，再一次造成了森林的大量砍伐，给相对平衡、稳定的梯田文化生态系统带来第二次严重的损害；到 1982 年"林业三定"以后，林地又重新被分到各家各户，群众有了支配的自主权，他们鉴于集体化的实践，纷纷大量砍伐自家分到的林木，用以获取金钱。同时，随着人口数量的增长和养殖业的发展，人类需要取暖、烧火做饭，喂猪需要煮猪潲，因此消耗了大量的柴薪。

对于当年的情形，龙脊古壮寨的父老乡亲还记忆犹新：2006年8月25日在侯家凉亭的一次访谈中，有位村民直言道："以前山上都被砍得光秃秃的。"当笔者想让他追溯一下他所谓的"以前"是何时时，他只是模糊地告诉我是上个世纪八九十年代的事，当时满山都被砍得光秃秃的，没有什么绿色。后来，笔者恰好碰见廖家寨寨主廖贻壮在门口劈柴，我在旁观察，于是跟他对话：

问：要劈那么多柴啊？

答：这还算非常少的了。记得我小的时候，在农忙之余，天天要去山上砍柴，然后晾晒以后背回来。有时候懒得背了，只好用绳子绑住拖回来。

问：这么说，那时候烧很多柴了？

答：是哦。我们那时候用火塘烧火，四面冒出来，很浪费柴火。现在大家基本上都搞了省柴灶，用电、用沼气、用煤气，砍柴的也就逐渐少了。

问：大家都去砍柴，那山不是被砍得光秃秃的了？

答：那当然了。当时连这面山都被砍得光秃秃的，每家每户都存有大量柴火，冬天没事儿的时候就烧火取暖。

在被问及此事时，平段寨潘瑞贵老人回忆说：

分田到户以后，我们既要煮饭，还要煮猪潲，用柴蛮多的。一年一家要烧上百把担，万把斤柴火。农闲时天天要去山上砍柴，指头大的都被砍掉。廖家屋背上去，都被砍光去。现在改变了，省柴灶不大用柴火，还有电饭锅、煤气灶，每年连50担都用不完。你去山里面看，很多烂柴火，都没人要。

由此看来，在20世纪90年代初以前，龙脊古壮寨民众大量用柴，砍伐了大量的林木，能源性消耗木材过多。谈及此事，龙胜县林业工作部门的同志总结道：

1984年木材政策全面放开，实行林农木材凭证自由上市、多家经营，导致乱收乱购，乱砍滥伐现象十分严重，加上每年能源性消耗木材（柴薪）过多（年约消耗量为20万立方米），出现森林赤字。1987年森林资源普查，全县森林年生长量只有18万立方米，而年消耗量为31.5万立方米，年出现赤字13万多立方米。由于森林植被受到破坏，导致一些地方出现了水源枯竭的现象。①

山变秃就意味着森林大量减少，而森林的减少又使得整个系统的水土保持功能受到损害，进而严重影响了水源的供给和流量的大小。这样看来，山变凸只是生态系统退化的一个表现而已，而这种表现又对其他的子系统产生影响。

2. 水流变小，河谷水循环失灵

随着绿山变秃，森林覆盖率大幅减少，影响到整个系统河谷水循环的运行，致使20世纪八九十年代多次发生水源供给不足的情况。龙脊的村民们至今仍能记得当时的情景，不少人绘声绘色地向笔者描述当时的情景。在讲述中，他们很自然地把水分变

---

① 龙胜县志编纂委员会：《龙胜县志》，汉语大词典出版社，1992年版，第66—67页。

少和森林的砍伐联系起来，表明他们已经深刻认识到森林对整个梯田生产系统维系的重要作用。在龙脊村委的档案中，我意外发现了当年的一份请示文书，该请示是龙脊村七组潘××希望乡政府给予减免公粮任务的，其中即说道："今年春季以来，气候多次变化，天干物燥，晴了二十多天，水源断流，无法灌下农田。"可见，水变少是一个切切实实存在的事件，而天"晴了二十多天"的正常情况上是无法影响到水源的供给的。

龙胜县林业局的工作人员曾经到龙脊古壮寨进行林业调查，他们了解到：

和平公社龙脊村背的莫星山、瓦窑一带有两千多亩针阔混交林，一条水沟穿村过，其水量可以开设两个米碾，灌溉 400 多亩梯田，过去年年饱水不受旱。1958 年森林逐步遭受破坏后，水量减少一半，米碾不能开，1978 年有一半的田受旱，亩产从过去的 500 多斤减少到 300 多斤。1967 年由于毁林开荒，被洪水冲崩 4 亩多田。群众编了一首歌谣："破坏森林田受旱，水土流失路冲崩；米碾停转妇女累，一夜舂米到三更。"①

其实，水分的减少不仅影响主要的梯田稻作，破坏了原有的良性河谷水循环子系统，也严重影响了辅助生业的正常开展。水分的减少使得田地干旱，而在旱地则表现得更为明显，因为旱地本身就是靠天田，伴随着水分的减少，土壤中所能储存的水分也就跟没有了来源。同时，又会连锁影响到整个畜牧饲养业，毕竟无法收获到足够的水稻、玉米、红薯等农产品，使得养猪也成了一项极为奢侈的事情。当然，商业交换子系统的结构也会或多或

---

① 李献德：《试论龙胜山区"以林为主，林粮牧结合"的生产方针》，载《广西农业科学》1980 年第 9 期，第 14 页。

少地受到影响，以前不需要购进大米，还可以出售龙脊香糯、龙脊辣椒等农产品，而受影响以后则需要从外部获得食物来源，而减少了对外部的土特产品输出。

3. 系统弹性减弱，干旱灾害增多

水分是龙脊梯田的命根子，如果没有了充足的水分供给，整个梯田文化的持续与发展就会停滞不前，遭受前所未有的冲击。当然，龙脊尚未短缺到连人都没水喝的地步，只是农田的用水曾一度较匮乏，这种情况在1985—1995年这一段时间表现得最为明显。在这一段时间，龙脊接连不断地发生旱灾，甚至危及民众的日常饮食供给。

从龙脊村委收集到的档案资料显示：1985年是龙脊旱灾甚为严重的一年，几乎各组都有受灾的情况上报。平段寨第十组的受灾汇报中提到："我龙七村第十组总承包水稻面积85亩，由于今年旱灾严重，已受旱全无收入有30亩，半无收20亩，余35亩尤〔由〕于灾情严重，只能歉收，〔仅及〕常年产量的70%，全组总人口有109人，现在估计收入全组只能有过年饭，眼看1986年开春生活就要存在很大困难。"① 无独有偶，龙脊村廖家寨第六组的受灾情况也很严重，具体如下表所示：

表2-2　龙脊古壮寨六组1985年受旱灾面积产量调查表

户主	受灾面积	受灾地名	常年产量（斤）	损失率	该户定量（斤）	总受灾率
廖兆运	4屯	纳远、平山	500	70%	1800	19.5%
廖兆星	4屯	更强	550	80%	700	62.5%
廖仕能	2屯5	平山	340	40%	890	15.2%

---

① 《〈龙脊村第十组灾情〉报告》，1985年10月19日，藏龙脊村委会办公室。

户主	受灾面积	受灾地名	常年产量（斤）	损失率	该户定量（斤）	总受灾率
廖兆六	2屯5	更强、更基	300	50%	1700	8.5%
廖兆武	2屯	更强	400	80%	720	44%
廖兆荣	4屯	更强	800	60%	2100	22.6%
廖仕宜	3屯	更强	500	50%	1700	14.7%
廖志国	2屯5	更基	400	50%	1300	15.4%
廖志广	4屯	纳远、纳生	600	60%	1500	23%
廖天秀	4屯	更强、纳生	600	50%	1500	20%
廖志春	3屯	纳远	450	50%	880	25.5%
廖志生	4屯	纳远、更强	600	50%	1500	20%
廖仕堂	2屯	更强	300	60%	1400	12.5%
廖志建	3屯	更强	500	70%	2100	16.6%
廖志荣	3屯	更强	550	50%	1800	12.5%

资料来源：龙脊村委会档案。

从表2－2可以看出，1985年龙脊村廖家第六组的旱灾情况是比较严重的，受灾地一般减产50%以上，有的甚至减产高达80%，严重影响村民的食物供给和家庭生活。就这样，旱灾逐渐成了龙脊人无法摆脱的梦魇，以后的1989年直至1995年，村委会几乎每年都会接到各生产组受灾情况的报告，其中1992年的情况更为特殊，既上报有旱灾的材料，还上报有涝灾的材料。这样看来，森林的砍伐不仅影响梯田水源的供给，而且也大大减弱了固土涵水的能力，使梯田崩塌、水稻生产量减少。

山变凸、水变少和灾变多只是龙脊梯田文化生态系统退化的三个突出表现，而且这三大表现之间互相还有一定的因果关系，这本身也是系统运行的一种特征，"牵一发而动全身"，只要梯田文化生态系统中的任何元素发生了变迁，原来已经相当稳定的系统就会遭受一定程度的冲击，发生各种人类所不愿意看到的悲剧。

三、从退化到修复：自上而下的生态重建

面对各地普遍存在的乱砍滥伐现象，面对逐年增加的森林赤字，面对各地汇报上来的干旱灾害情形，从中央到地方的各级政府开始检讨过去的农林产业发展政策，认识到林业生产也可以带来巨大的经济效益。因此，从20世纪80年代末期开始，各级政府逐渐采取一些保护森林资源、制止毁林开荒的政策措施，开始了山区的生态重建。纵观20多年的历程，龙脊古壮寨的生态重建可分为两个阶段：

（一）生态赤字初步消灭阶段（1987—1995）

早在20世纪60年代，龙胜县人民委员会就曾发布了《关于加强森林保护、严防山火的布告》，明确提出"严禁毁林开荒，反对只顾粮不顾林"、"严禁乱砍滥伐"等保护山林的政策。然而，由于当时是"以粮为纲"的年代，各族群众仍然面临着粮食高征购的压力和食不果腹的困境，因此该布告在"文革"爆发后最终成为一纸空文。改革开放以后，随着"林业三定"的实行，广西各地掀起了乱砍滥伐的歪风邪气，严重影响了林业生产的秩序。从1987年起，广西林业部门不仅依法遏制了乱砍滥伐的不良风气，而且还出台了保护森林、发展林业的政策，要求在若干年内绿化荒山。正是从这一年起，龙脊古壮寨的生态重建工作开始走上了正轨。在本阶段推动生态恢复和重建的过程中，采取的措施可以归结为"造、封、管、节"四个字。

"造"即造林灭荒。从1987年起，各级政府陆续出台了一系列绿化造林的措施，希望能够尽快实现灭荒目标。龙胜县对此项

工作尤为重视，提出用 10 年时间绿化龙胜，把龙胜建成名副其实的新林区。为此，还专门制定了赏罚措施。在这种背景下，龙脊古壮寨民众掀起了造林灭荒的高潮。据潘庭芳老支书 1988 年的笔记，仅廖家寨第四组当年就栽种竹子 1121 株，杉树 1950株，果木 135 株。有的生产组种植得更多，竹子达 1500 多株，杉树达 5000 多株。具体情况如表 2 - 3 所示：

表 2 - 3　龙脊古壮寨 1988 年植树造林数目表

屯别	组别	杉树（株）	竹子（株）	果树（株）	棕榈（株）
廖家	第四组	1950	1121	135	
	第五组	360	752	37	
	第六组	1490	799	48	751
	第十一组	380	315	18	6
侯家	第七组	1100	305		
	第八组	5000	611	604	700
	第十二组	4650	751	452	51
平寨	第九组	3670	538	460	
平段	第十组		379	414	
总计		18600	5571	2168	1508

资料来源：老支书潘庭芳 1988 年笔记。

从上表可以看出，龙脊古壮寨民众的植树造林热情是很高的，不仅栽种了 18000 多棵杉树，而且还种植了 2000 多棵柑橘等果树。此外，还种有 9.2 亩油茶、4 亩桐籽，总完成面积达696.7 亩。1990 年 11 月中旬，龙胜县召开了县、乡、村三级干部大会，举行决战林业大誓师。在这次大会上，还专门制定了包点单位，并实行一包三年政策：从炼山垦荒、挖坑植树到第二、第三年刮草抚育工作，均由工作队组织指导进行，可以说是史无前例的重视。据《廖家古壮寨史记》记载：1991 年春，廖家寨开展灭荒大决战，在海拔 900 米以上的荒山试种柳杉 400 亩，杉木工程林 150 亩获得成功。第二年又种下集体所有杉木工程林 230 亩。随后一直扩种，现已发展成为 2000 多亩的杉木林场。①

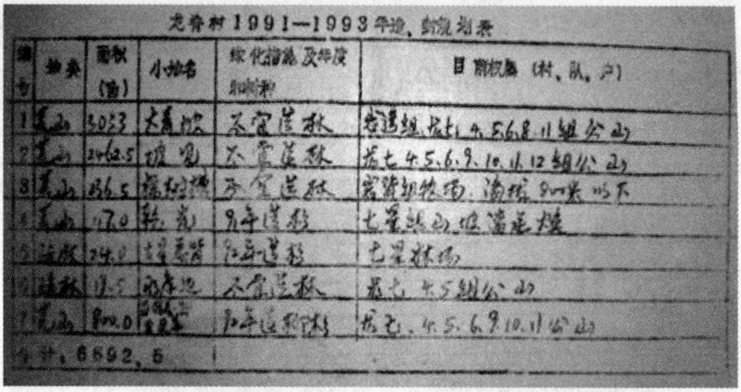

图 2-5　龙脊村 1991—1993 年造、封规划表

"封"即封山育林。俗话说："田荒一年都是草，山封十年都是宝。"因此，各级政府在提倡造林的同时，对不适宜造林的地方强调采取封山育林的办法，并根据实际情况，采取了死封、轮封、活封相结合的方式。对于水源林、防护林、风景林，严禁砍伐和在死封区内进行任何生产活动；对林相整齐、生长旺期的幼林和能够飞籽成林、萌芽更新的山林封禁起来，禁止任何生产活动，待成林后，经批准后再开发利用；而对以生产燃料为目的的薪炭林，则实行活封，但其中的杉、松、毛竹等则严禁砍伐，而杂木类则可以定期或长期开发利用。② 为了响应上级政府号召，在龙脊村组全体干部讨论通过后，将岩湾屋背的岩背、廖

---

① 廖忠群主编：《廖家古壮寨史记》，2010 年印，第 8、第 24 页。

② 龙胜县志编纂委员会：《龙胜县志》，汉语大词典出版社，1992 年版，第 530 页。

家、侯家划为封山育林区，面积为 2800 多亩，按山形坐向：右凭木龙坳泗水潘内交界，左凭兴旗十字路口，上凭平安过岩头路，下凭岩湾寨背，作为本村的封山育林区；并组织封山育林领导小组负责监督实施。[①] 多年后，当我们穿越寨子向山上走去，路上还会在岩石上发现"保护山区森林，人人有责"之类的宣传标语。

图 2-6 龙脊村民的省柴灶施工证

"管"即加强管护，主要内容有：不断完善"三防"体系，

---

① 龙脊村公所：《关于划定封山育林区的请示报告》，1992 年 8 月 28 日，藏龙脊村委会办公室。

即森林防火、防止乱砍滥伐、防治森林病虫害；林政管理逐步走向制度化；做好森林资源的监测工作，使森林资源的生长量逐步大于消耗量。由于林政管理多属政府职能，因此龙脊古壮寨民众更多的是关注耕牛滥放和乱砍滥伐问题。为此，经全体党员、组干讨论制定的《封山育林公约》规定："凡偷砍青竹一根，均罚款十元，偷挖春笋一根（包括牲畜蚕食），均按每根罚款六元。""凡在封山育林区的村民自留山，都要积极予以保护，不得乱砍生柴、林木或开辟新地，凡乱砍生柴或开辟新地，经教育不听的，均每砍一次生柴罚款十元，每开辟新地一份罚款三十元。"[①]由于村民规约的惩罚力度强，因此很大程度上保证了封山育林和造林灭荒的成效，对生态恢复具有重要的促进作用。

"节"即从多方面节约使用木材，减少森林资源消耗，其中在农村推广改燃节柴、改灶省柴工作是重要的一环。为减少木材砍伐，龙胜县1988年起开始推广省柴灶、兴建沼气、建煤场的能源生态建设。当年全县即建省柴灶108户，煤场2个。1990年，龙胜被列为全国省柴节煤试点县，当年建省柴灶8320户，沼气池323户，年节柴25085立方米。1991年，龙胜县林业局投资69.5万元，完成省柴灶10027户，兴办微型电站121台，装机容量125.3千瓦，全年降低能源性消耗木材10万立方米。1992—1993年，建省柴灶10350户，沼气池314座，推广液化气398户。至1994年，全县累计建造省柴灶31481户，普及率达92.2%。[②]根据老支书潘庭芳的笔记，早在1988年6月14日，他就被组织到马堤乡白湾村参观、考察省柴灶建设情况。到

---

① 龙脊村党支部、龙脊村公所：《封山育林公约》，1989年7月15日，藏龙脊村委会办公室。

② 广西林业年鉴编委会：《广西林业年鉴：1950—2003》，广西人民出版社，2008年版，第673页。

1989 年 5 月，自治区在龙胜重点督办省柴灶推广一事，河边则以推广沼气池为主。至当年 8 月，龙脊古壮寨推广省柴灶一事开始提上日程。但由于龙脊当时交通运输条件差，火砖、炉胆等材料购置困难，因此推广力度不大。到 1990 年，县、乡政府按 90% 下达的省柴灶任务为 260 个，由此掀起了轰轰烈烈的大建省柴灶运动。由于当年政府采取了补贴政策，每户补助达 25 元，因此龙脊建造省柴灶的积极性大大提高。至 1992 年 10 月，实际完成 262 个，占任务的 100.7%，占全村总农业户数的 90.34%。① 改燃节柴的有效实施，不仅缓解了龙脊壮族民众炊事用能的紧张局面，而且保证了封山育林工作的实效。

经过几年的努力，到 1994 年 8 月，龙胜各族自治县全县的绿化率已经达到 94.04%，森林覆盖率达 74.59%，其中道路、河流绿化率达 97%，居民宅 96%。和平乡的绿化率、森林覆盖率则更高，分别达到 97.56%、78.52%。龙脊村的绿化率为 96%，森林覆盖率为 67%。② 与此同时，农业生产逐渐得到恢复，木材蓄积量逐年提高，而砍伐量却逐渐减少，因此初步消灭了森林赤字，整个梯田文化生态系统也处在恢复之中。

（二）生态退化根本扭转阶段（1996—2010）

在造林灭荒、封山育林、改燃节柴等工作取得阶段性成效以后，龙脊古壮寨的生态重建工作进入一个新的历史阶段。无论造林灭荒也好，封山育林也好，抑或是改燃节柴，都试图增加木材蓄积量、降低能源性木材消耗，其出发点仍然是以增加林业产量为主要目的，改善生态环境仍处于次要地位。然而，各级政府大力推广使用沼气、组织民众外出务工等举措，却切实地减少了森

---

① 龙脊村公所：《龙脊村绿化造林工作情况的报告》，1992 年 11 月 5 日，藏龙脊村委会办公室。

② 老支书潘庭芳笔记，1994 年 8 月 15 日。

林砍伐、减轻生态环境压力；后来，更有针对性推行退耕还林工程，努力恢复青山绿水，则取得了突出实效。

虽然说龙胜县早在 20 世纪 80 年代就大力推广沼气，但当时主要在沿河地区，这些地方交通较为便利，修建材料运输较为容易，而龙脊古壮寨沟通外界的主要是石板路，没有直达的公路，物资运输相当困难，因此开始时建造沼气池的比较少。1996 年，龙胜县从各村抽调一批人员到灵川去培训，廖家廖忠建成为其中之一。逐渐地，随着国家支持力度的增大，龙脊古壮寨民众逐渐认可了沼气设施的好处，报名建造的越来越多。至 2000 年，兴建沼气池进入高峰时期，当年建造了 120 座。2001 年，再接再厉完成建池任务 36 座。经过最近几年的努力，如今龙脊古壮寨的沼气池入户率达到 90% 以上，很大程度上减少了能源性木材的消耗。

早在 1998 年，广西区党委、政府就提出实施绿色工程，退耕还林是该工程建设的重要内容，自治区林业局 1998 年组织编制了 1999—2000 年退耕还林实施方案，积极开展退耕还林工作。在上级政策的指引下，龙胜县于 1999 年冬开展了"坡改梯造林"冬春大会战，并统一购回优质苗木无偿分配给农民，提供小额扶贫贷款，选派干部下乡指导和帮助农民。经林业部门验收合格的，县政府每亩发给 250 元补助。2001 年，继续加大退耕还林的力度，将高山"坡改梯造林"的补助提高到每亩 350 元。2002 年，龙胜正式列入国家退耕还林工程试点。除兑现国家的退耕还林补助外，还再次提高县里的补助，鼓励扶助农民在高山坡地荒地上种植生态、经济效益高的树种如杨树、"三木药材"，使全县出现退耕还林的热潮。[①] 在国家和地方政府的支持下，龙脊古

---

① 《龙胜退耕还林取得双效益》，桂林经济信息网：http://www.gl.cei.gov.cn/，2003 - 01 - 10。

壮寨起始并不认同退耕还林政策，生怕拿不到补助款和粮食补助。然而，到 2003 年、2004 年，国家承诺的粮款逐渐到位，一些原来未申请退耕的农户积极参与进来，结果最后的退耕还林亩数超过了国家分给的配额，以致每亩退耕地的补助只有正常情况下的 70%。

在此期间，大量龙脊村民外出务工，无形中减轻了区域生态系统的压力，给生态恢复和重建提供了有利环境。据统计，龙脊村常年在外务工的人数多达 100 多人，他们多是到区内的桂林、南宁、贺州，外省的福州、广州一带务工，有的从事加工制造业，有的从事建筑行业，但都增加了农民的收入，减少了对龙脊古壮寨水、粮食以及木柴等方面的消耗。

总的来看，龙脊古壮寨 20 多年来的生态恢复和重建工作，基本上扭转了生态系统退化的局面，其突出成效主要表现在如下诸方面：一是森林覆盖率逐年提高：从 1987 年造林灭荒大会战开始，龙脊古壮寨范围内的大青坡、坡见、水库边、更养等荒山目前已经森林密布，比如廖家寨 4 个村民小组、10 支房族支系共同拥有的几千亩荒山野岭，目前已经成林 2000 余亩。再加上周边山岭上退耕还林地，森林覆盖率要比 1994 年的 67% 还有一定程度的提高。二是系统功能逐渐恢复：在 20 世纪 80 年代中后期，由于梯田文化生态系统遭受外部干扰过多，频发旱涝灾害，几乎年年皆有旱情，有时还伴随着涝灾。如今，随着一系列生态重建工程的实施，森林面积增加，泉水也恢复到原来的状态，足以供给古壮寨几百亩梯田和村民日常所需，因此整个梯田文化生态系统的运行又恢复到相对平衡的状态。比如在 2008 年的西南大旱中，龙脊古壮寨凭借不断流的泉水，仍取得了农业生产的正常收获。三是替代性能源充足：如前所述，龙脊壮族民众历史上多以木柴为主要的炊事能源，如今除采用少量木柴外，沼气、电、煤气等替代性能源供应充足，已经成为普通民众炊事的主要用能之一，极大地减少了对森林资源的破坏。四是产业结构调整初见成效：龙脊古壮寨民众古来以从事稻作农业生产为主要生计，多次试图发展特色种植业和养殖业，但基本上都以失败而告终。近年来随着外出务工人员的增多，再加上特色旅游资源的开发，目前已经形成了以梯田稻作种植为基础，旅游经济和劳务输出经济挑大头的农业综合发展模式。

四、在历史场景中认知生态变迁

20世纪70年代以来，随着全球性环境危机的出现，生态环境研究一度成为各门学科争相参与的领域。毫无疑问，学者们对为什么环境会呈现为当前的状态非常感兴趣，如此一来，事实上已经进入了生态变迁的研究领域。笔者认为，生态变迁本身是一个复杂的、多样的和动态的过程，它包括生态系统的退化、修复、重建乃至崩溃。不过，当前中国生态环境史学界更多地关注区域农业开发对生态环境的消极影响，还没有把生态系统的修复与重建纳入到生态变迁的研究中去。

然而，要认识清楚生态变迁的过程，必然要回到具体的历史场景中。20世纪80年代以前，人类学家们乐于横向地考察问题，基本上忽视了历史的存在，因此当时的研究关注点主要是不同的群体对形态各异的生态系统的适应。后来，在沃尔夫的努力和倡导下，20世纪80年代的人类学整体转向了历史。在人类学家研讨生态变迁的过程中，形成了不少独特的视角：历史生态学家不仅强调环境有着历史，而且认为区分"自然的"和"人为的"景观本身就是错误的，几乎所有的生态系统在过去的几千年

里已被人类大大改造①；政治生态学家不仅强调引发环境变迁的
政治因素，认为权力表达对人类与环境之间的关系有着深刻的影
响，而且善于把地方事件置于全球化背景下考察，认为全球性是
地方性一个方面②；象征生态学家认为自然是社会建构的产物，
由于人类认知自然的知识体系的转变，最终造就了我们当前的生
态环境现实。③

　　人类学生态研究的理论发展提示我们，在研究龙脊古壮寨的
生态修复与重建时，一定不要脱离当时当地的历史场景，重视权
力和知识在重建过程中的作用，并从世界政治经济体系的视角出
发，认识到地方生态事实的全球性。为此，笔者不惜花费一章的
篇幅来回顾龙脊壮族地区 400 年的发展历程，从中找出景观发生
变迁的历史脉络。古壮寨先是由森林密布变成了田园相邻，再经
20 世纪 50—80 年代由相对的生态平衡状态演变为"失序"状
态，最终又在国家、社会和当地社区各方力量的参与下，实现了
地方性梯田文化生态系统的恢复和重建，重新恢复了生机和
活力。

　　在龙脊古壮寨生态环境变迁的历史进程中，政治性因素显示
出对地方性生态系统的决定性影响，先是导致了龙脊梯田文化生

---

　　① Thomas N. Headland. Revisionism in Ecological Anthropology. *Current Anthropology*,
1997, 38（4）: 606. 中文版参见付广华译：《生态人类学中的修正主义》，载《世界
民族》2009 年第 2 期。

　　② Lisa L. Gezon. *Global Visions*, *Local Landscapes*: *A Political Ecology of Conserva-
tion*, *Conflict*, *and Control in Northern Madagascar*. Lanham, UK: Altamira Press, 2006,
pp8 - 9; Andrew P. Vayda, Bradley B. Walters. Against Political Ecology. *Human Ecology*,
1999, 27（1）.

　　③ Philippe Descola. Constructing natures: Symbolic ecology and social practice. In
Philippe　Descola，Gísli　Pálsson. eds. Nature　and　Society: Anthropological
perspective. London: Routledge, 1996, pp. 82 - 102; Aletta Biersack. Introduction: from
the "New Ecology" to the New Ecologies. *American Anthropologist*, 1999, 101（1）.

态系统的退化，而后又采用多种方式引导当地民众进行生态修复与重建。与此同时，在现代国家权力的支持下，传统的社区逐渐被现代性所渗透，各种生计方式不可避免地受到外来生态知识（现代科学技术）的深刻影响。好在随着对农林业生产干预的减少，在传统生态知识和现代科学技术的共同作用下，遭受损害的地方性生态系统逐渐得到修复和重建，并恢复到相对均衡的状态。如果把分析的视野延伸到全球的层次上，我们就会发现：新中国成立之初，人民政府迫切要改变"一穷二白"的状况，打破西方国家的经济封锁，故才有龙脊古壮寨大规模开荒种粮之举；而进入 20 世纪 90 年代中后期以后，随着沿海地区工业经济的发展，中国更深层次地融入了全球经济，各种制造业、服务业遍地开花，一方面吸引了龙脊古壮寨的青壮年劳动力，另一方面也为龙脊古壮寨发展旅游经济提供了可能，最终保障了小区域范围内生态重建的实效。

第三章 "绿色"的权力:
生态重建的国家支持

　　长期以来,从事生态恢复与重建研究的学者,常常从技术层面考察问题,未能洞察生态重建背后的政治、经济以及文化因素,因此,生态重建计划往往不能达到预期的效果。不过,从20世纪90年代后期以来,已经有少数学者认识到既往生态重建理论和实践的局限性,并进而提出了一些很有借鉴意义的理念。在人类学和地理学界,学者们发现:在环境变迁的背后有着政治权力的因素,政治权力有时候甚至对区域环境变迁起相当程度的决定作用。带有人类学倾向的学者,非常乐衷于分析资源使用者之间的权力关系妥协以及资源利用社区与外部力量之间的权力关系。① 作为试图实现使退化的、破坏的生态系统恢复生机和活力的过程,生态重建首先要形成一种社会话语,成为一种社会思潮,并进而影响到生态建设的决策与实践。其中,国家推动实施的"绿色"工程,无疑是最大的亮点,推动了整个社会参与生态修复与重建的历史进程。

---

① Susan Paulson, Lisa L. Gazon. eds, *Political Ecology across Spaces*, *Scales*, *and Social Groups*. New Brunswick: Rutgers University Press, 2005, pp. 27 – 28.

一、作为"绿色"权力表达的生态重建

（一）"环境危机"与生态重建话语的生成

20 世纪 60 年代前，在新古典经济学理论的武装下，人们认为自然资源总是能满足人类所用，能够实现经济的无限制增长。不过，这一主导性的发展模式很快遭到了生态学家们的挑战。1962 年，美国海洋生物学家蕾切尔·卡逊（Rachel Carson）发表了《寂静的春天》一书，提醒人们注意杀虫剂对人类健康的负面影响。受卡逊的启发，人们开始关注辐射物、有毒的重金属废物、水中的氯化物等对环境的潜在威胁。1972 年，在瑞典斯德哥尔摩召开了联合国人类环境会议，"环境问题"正式登上国际议程。当时担忧的是：酸雨、农药、波罗的海沿岸的污染、鱼类和鸟类身体中的重金属。随后，联合国召开了一系列的关于人口、食物、水、沙漠化、可再生能源等问题的会议，促生了"内在联系的世界体系"的概念。① 持这一理念的科学家们认为，无限增长是自欺欺人，因为这个世界是一个封闭的空间，有限且受到承载力（carrying capacity）的限制。与此同时，美国学者哈定（G. Hardin）所阐发的"公有地悲剧"② 的隐喻开始受到学术界的广泛关注：既然海洋、陆地、大气等关键性自然系统和资源是共有的，企业家们为获取利润的最大化，将尽可能地把废水、废物和废气排到海洋、大气和陆地上，有的甚至还大肆砍伐热带森林、疯狂捕捞海洋鱼类，最终给整个人类社会所共有的生存环境带来严重的生态环境危机。

① Wolfgang Sachs. Environment. In Wolfgang Sachs, eds. *The Development Dictionary: A Guide to Knowledge as Power*. London: Zed Books Ltd, 1992, pp. 27 –28.

② Hardin G. The tragedy of the commons. *Science*, 1968, 162: 1243 –1248.

随着全球环境问题重要性的加剧，环境保护主义不仅发展成为一种替代发展的政治意识形态，而且还发展成为一种有聚合力的社会运动。为适应人类与自然关系的这种新变化，世界环境与发展委员会 1987 年发布的"布伦特兰报告"，提出了"可持续发展"的理念，成功地把环境塑造为发展必须关注的一个重要维度。在英国人类学家米尔顿看来，由于环境保护主义成为一种跨文化的话语，它成功跨越了类型各异的文化传统，并且参与的人们不以国籍来区别自己。这种话语反映在学术研究上，表现在渗透到越来越多的学科中去：从最初仅被视为自然生态的问题到逐渐地被重塑为技术、资源管理、健康、经济、国际政治和意识形态方面的问题。为解释污染的自然后果和预测环境变迁的生态影响，"自然"科学家依然在研究机体与物质之间的相互作用；技术专家试图使工业和其他经济活动符合环境约束；法律专家试图调整国内和国际法律以适应环境保护的要求；经济学家们试图把环境成本和效益纳入经济计划的范畴；社会学家和政治学家试图考察那些促进或减缓破坏性实践的社会互动模式；哲学家和伦理学家为建立环境伦理而去挖掘传统的价值和信仰。[1] 当然，人们的社会实践也深受这种话语体系的影响：在区域产业开发的过程中，人们要求一定要进行环境评估，评定项目可能带来的环境影响；政府引导企业进行产业换代，试图推行环保节能技术；关注野生动植物的生存状态，大量设立自然保护区；在农村地区推行退耕还林、沼气推广、石漠化治理等生态工程，试图实现生态环境修复，改变当前环境危机的现状。具体到个人层面，政府推行环保方面的法律法规，非政府组织宣传绿色消费，商业公司趁机

----

① Kay Milton. *Environmentalism and Cultural Theory：Exploring the role of anthropology in environmental discourse.* London：Routlouge，1996，p4 ；参见袁同凯、周建新译：《环境决定论与文化理论》，民族出版社，2007 年版，第 7 页。

推出某些所谓的配合措施，无疑都对我们的日常生活产生了突出影响。

在环境话语内部，存在一种试图修复破损生态系统的话语体系，成功地在生态理论和实践中占据一席之地。为了叙述的简单，笔者在此姑且称之为"重建话语"。从世界范围来看，生态重建的实践最早出现在 19 世纪末，当时仅发生在分散的小地方。到 20 世纪 30 年代，生态重建开始成为某些国家力图推进的大型生态建设工程。不过，一直到 20 世纪 70 年代末期，生态重建都没能成为一种对社会进程发生较大影响的话语体系。20 世纪 80 年代初，受世界性环境运动和环境话语的影响，一些生态学家开始试图从理论上回答如何修复和重建已受损的生态系统的问题，并逐渐形成了一门新的分支学科——恢复生态学。1987 年，国际生态重建学会（Society for Ecological Restoration International，SER）建立，试图把生态重建提升为维护地球生命多样性和重构自然与文化之间生态健康关系的一种方式。其实，无论是恢复生态学的诞生，还是国家生态重建学会的建立，都是生态重建实践发展的产物，同时也是生态重建话语发挥作用的产物。

如果我们把眼光转向国内，就会发现：虽然有人提出 20 世纪 50 年代国内已经出现了海洋生态重建的实践，但那仅仅是个案，且没有理论上的支撑与突破。从当时的发展潮流来看，国内正急于摆脱长期以来贫穷、落后的面貌，基本上不存在进行生态重建的社会氛围。20 世纪 80 年代中期以后，长期推行的"向山（湖）要粮"的农业发展决策的生态恶果开始凸显，因此，减少森林砍伐、植树造林种草，成为生态重建的重要措施。然而，当时更多考虑的是增长的不可持续性，而不是恢复受损生态系统的功能。随着 20 世纪后期经济社会的大发展，生态环境问题变得越来越突出。在恢复生态学理论的武装下，一些生态学家开始呼吁重视生态重建工作，国家为此采取一系列措施对草原、石漠化山区进行修复和重建。至此，生态重建话语最终在国内成为一种支配性的话语体系。无论是退耕还林工程，还是生态文明建设，都深受其影响。当然，生态重建话语毕竟只是环境话语的一个组成部分，而且只是很弱小的一个组成部分，因此，中国当前的生态重建只是处在初级阶段，没有形成大规模的生态环境效应。

（二）重建话语支配下的"绿色"决策

虽然中国并没有一个统一的生态重建机构，但是却有生态重建的话语。在重建话语的操纵和支配下，中央、广西壮族自治区以及龙胜各族自治县人民政府及其组成部门推动实施了一系列旨在恢复退化生态系统的"绿色"决策和重建工程。

1. 中央政府

改革开放以后，中央政府逐渐认识到过去一系列政治运动给生态环境造成了严重破坏，因此开始出台相关政策予以纠偏和治理。1978 年 11 月，中央政府决定在中国西部、华北北部、东北西部延绵 4480 公里的风沙线上，实施"三北"防护林体系建设工程，这项被邓小平称为"绿色长城"的生态建设工程，开创了我国新时期生态重建的先河，也成为世界上最大的生态建设工程。1991 年后，以江泽民为核心的中共第三代中央领导集体又发出了"全党动员、全民动手、植树造林、绿化祖国"、"再造祖国秀美山川"的号召，进一步动员全国人民植树造林、保护森林。中国颁布了《中华人民共和国水土保持法》，修订了《中华人民共和国森林法》，世界上首部防沙治沙法也在中国诞生。中国政府还发出了《关于进一步加强造林绿化工作的通知》、《关于保护森林资源制止毁林开垦和乱占林地的通知》、《全国生态环境建设规划》等一系列生态建设方案。2001 年，刚刚走进小康的中国毅然决定，在今后十几年内，投资几千亿元，实施天然林资源保护、退耕还林、京津风沙源治理等六大林业重点工程。2003 年 6 月，中共中央、国务院做出了《关于加快林业发展的决定》，明确提出："确立以生态建设为主的林业可持续发展道路，建立以森林植被为主体、林草结合的国土生态安全体系，建设山川秀美的生态文明社会"，把"生态建设"、"生态安全"、"生态文明"确立为国家发展的重大战略，并逐步在全国形成了建设森林生态系统、保护湿地生态系统、改善荒漠生态系统、全面推进生态建设的基本格局。① 在科学判断我国发展阶段的基础上，中央政府提出了全面落实科学发展观、统筹人与自然和谐发展、建设生态文明等重大战略思想，并第一次在党的重大文件中明确地提出要"加强水利、林业、草原建设，加强荒漠化石漠化治理，促进生态修复"②，为新时期的生态修复和重建工作指明了发展方向。

2. 自治区政府

从自治区层面来看，更是出台了许多推动生态修复与重建的战略决策。1987 年 1 月 8 日，广西壮族自治区党委、政府做出《关于保护森林，发展林业，力争 15 年基本绿化广西的决定》（桂发〔1987〕3 号），从此揭开了广西新时期生态重建的大序幕。从 1987 年开始，广西开始实行工程封育，对封山育林实行补助政策，使广西的封山育林工作从过去群众自发的零星分散到政府补助的连片大规模封山。1987 年、1988 年，广西林业厅对每亩封山育林区补助 0.3 元，地、市、县配套 0.2 元。1989 年又分别把补助和配套提高为 0.4 元和 0.5 元。为了实现 2000 年基本绿化广西的目标，广西壮族自治区党委、政府紧接着于 1989 年 6 月 8 日出台了《关于实行县级领导干部造林绿化任期目标责

---

① 国家林业局：《中国林业与生态建设状况公报》，中国林业网：http：// www. forestry. gov. cn，2008 - 01 - 21。

② 胡锦涛：《高举中国特色社会主义伟大旗帜，为夺取全面建设小康社会新胜利而奋斗》，人民出版社，2007 年版。

任制的决定》，要求各县（自治县、市）加强绿化造林，推动改燃节柴，提高森林覆盖率，增加森林蓄积量，改善生态环境。随着西部大开发的实施，广西的生态环境建设也迈上了新台阶，珠江防护林、石漠化治理、退耕还林以及水土流失治理等一系列生态修复和重建的工程项目得到实施。早在1998年，广西区党委、政府就提出实施绿色工程，并把退耕还林列为工程建设的重要内容，自治区林业局当年还组织编制了1999—2000年退耕还林实施方案，积极开展退耕还林工作。2002年，国家正式全面启动退耕还林工程，广西退耕还林工程也随之正式全面铺开。2005年，广西区党委、政府做出了建设生态广西的重大战略决策，制定出台了一系列生态建设政策措施。2006年，又明确提出要把生态建设和环境保护作为建设富裕、文明、和谐新广西奋斗目标的重要内容。2007年，自治区人大常委会批准了《生态广西建设规划纲要（2006—2025）》，广西的生态文明建设有了地方性法律规范的支撑；同年，广西壮族自治区党委、政府出台了《关于落实科学发展观建设生态广西的决定》，把生态广西建设规划纲要落到实处。2008年，广西区政府办公厅发布了《广西壮族自治区生态功能区划》，进一步落实生态广西建设所提出的规划目标。

3. 自治县政府

为有效地贯彻国家和自治区文件精神，龙胜县委、政府因地制宜地出台了许多针对性的生态重建措施。1987年9月4日，出台了《关于十年绿化龙胜宜林山地的决定》（龙发〔1987〕24号），初步总结了"大跃进"以来的林业政策失误，并提出了许多生态重建的措施：（1）灭荒造林。（2）封山育林：在灭荒造林的同时，对已有林的地方实行封山育林，分别采取死封、轮封和活封的方式，既保障了林木蓄积量的恢复，也不对民众生活造成严重影响；对封山育林卓有成效的林地，龙胜县林业局每亩还给予 1.5 元的补助。（3）加强能源建设：由于龙胜农村炊事多采用大灶口的"老虎灶"，其热效率低于 10%，因此增加能源利用效率、降低能源性木材消耗成为十分重要的保障措施。① 对此，自治县人民政府还专门发布《关于在县城实行以煤代柴的暂行规定的通知》，禁止县城政府部门、企事业单位以及个体家庭以柴薪为主要燃料，并规定了具体的赏罚措施。在农村，龙胜县从1988 年起大力推广省柴灶，有条件的地方兴建沼气。到 1990 年，龙胜被列为全国省柴节煤试点县。为了做好试点工作，自治县人民政府印发了《关于改燃节柴的实施办法的通知》（龙政发〔1990 〕53 号），其中明确规定：农村建省柴灶，每户补助 25 元，即补助水泥 1 包，炉条 3 付，补助建灶师傅工资每口灶 1.5 元；沼气池每户补贴 150 元，即补助水泥 12 包；补助物资由节柴服务部负责运送到各村离公路最近的集中点；以上补贴，只限于三年期限内，从第四年起停止此项补贴，即 1990 年至 1992 年底止。② 经过三年多的奋战，龙胜各地农村的改灶节燃工作取得了很大的成效，大部分的农户修建了热效率高的省柴灶。然而，省柴灶毕竟仍是以木柴为主要燃料，因此，在省柴灶工作取得一定成绩之后，龙胜县、和平乡政府开始大力推广沼气池，希望进一步减少山林砍伐，提高森林覆盖率。1997 年，龙胜被列为国家级生态建设示范区。在此之后，龙胜地方各级政府加大了沼气推广、退耕还林以及农业综合开发的力度，试图建设一个生态和谐、人民富裕、民族团结的新时期少数民族自治县。

　　从上述各级政府机关的政治决策来看，龙脊古壮寨的生态修

---

① 龙胜县志编纂委员会：《龙胜县志》，汉语大词典出版社，1992 年版，第527—529 页。

② 龙胜各族自治县林业局编：《龙胜各族自治县林业志》，1999 年印，第 242 页。

复和重建工作不可避免地深受其影响，基本上是这些政策主导了龙脊古壮寨的生态重建进程。可以说，如果没有国家的"绿色"权力在政策、资金上的巨大支持，龙脊古壮寨的生态重建工作将会是另一种局面，或者说，生态系统的功能很可能不会恢复到如今的良性运转水平。

（三）参与生态重建工程实施的多种力量

在龙脊古壮寨生态修复与重建的实施过程中，诸如哪些景观应该重建？哪些力量能够推动生态重建的进程？谁有权力获得重建资源等话题，都涉及着纷繁复杂的权力因素。从我们对龙脊古壮寨的调查与研究来看，直接参与生态重建工程的主要有现代社会组织、传统社会组织以及旅游公司三方面的力量。

现代社会组织形式指的是新中国成立后设立的党团组织、村委以及妇女组织等组织形式，它们一般承担着一定程度的政府职能，是基层政权的一种延伸①，因此在村寨生态重建过程中处于主导地位。龙脊古壮寨不仅是龙脊村委会（1996年以前称村公所）的办公室所在地，也是龙脊村最为核心的四个寨子，因此党支部、村委会等现有基层社会组织在生态重建中发挥了重要作用。在中央和地方政府推出生态重建决策以后，作为最基层的党组织和群众性自治组织，龙脊村党支部、村委会担负着具体实施的职能。从1991年开始的"造林灭荒"大决战到随后的省柴灶推广，从2000年开始的沼气推广工程到2002年开始的退耕还林工程，一系列的国家生态重建决策都离不开龙脊村党支部、村委会的配合与实施。更为难得的是，龙脊村党支部、村委会还制定

---

① 虽然笔者充分肯定这些现代组织形式的政治功能，但绝不能像某些曾经在龙脊古壮寨进行调研者那样把党支部、村委会说成是"政府机构"，也不能把村委会说成是"国家正式行政组织"。按照《中华人民共和国村民委员会组织法》："村民委员会是村民自我管理、自我教育、自我服务的基层群众性自治组织"，因此不能定性为"政府机构"或"国家正式行政组织"。

了专门的乡规民约条款，试图促进生态环境保护和系统修复。如《封山育林公约》划定了多达1500亩的封山育林区。《龙脊村治安管理村规民约》提出："如果没有以上群众自己的村规民约，水源没有得到有效保护，我村将受到大自然的严厉惩罚，我们就无法生存下去，多么危险！"此外，在生态重建决策具体实施的过程中，龙脊村党支部、村委会往往还担负着具体分配生态重建资源的功能。比如哪些人可以获得沼气池建设名额。龙脊村干部规定：需要事先备好沙石，并上交210元建池工价。如此一来，暂时拿不出经费的民众就不能参与到沼气推广中来。同样在沼气池建造上，一位乡干部的弟弟获得了参与沼气池建造技术的培训，因此可以获得大量的工资收入，而其他人则没有同样的便利。

在龙脊古壮寨，传统社会组织主要指的是各寨传统上存在的宗族、寨老等组织形式，它们反映着某一姓氏或单一寨子的诉求，因此也参与了古壮寨生态修复与重建的历史进程。由于龙脊古壮寨基本上一姓一寨，故宗族和寨子的诉求基本上重叠，反映在当代乡村事务中，主要是传统的寨老制度尚且还发挥一定的作用。寨老，民国实行乡村甲制度以前还称之为"头人"，现在多称之为"寨主"，多由寨子里能够为群众办实事、享有一定威望的男性组成，每三年由全寨民众投票选举一次。根据笔者对廖家、侯家、平寨和平段的了解，基本上都是由村民小组组长兼任本寨寨主一职，有些人还因为担任寨主后进而成为村民小组组长。在龙脊古壮寨生态重建的历史进程中，寨老制度发挥了重要的作用。

最后，还必须切实注意到旅游公司对龙脊古壮寨生态重建进程的重要影响。在龙脊古壮寨，发挥作用的旅游公司为桂林龙脊旅游有限责任公司，2006年3月28日由桂林龙脊温泉旅游有限责任公司分立。早在1998年，龙脊梯田风景名胜区正式成立。

随后，桂林龙脊温泉旅游有限责任公司对整个风景区进行规划管理。龙脊古壮寨虽然在初级阶段的旅游产业发展并不顺利，但古壮寨毕竟有着独具特色的民族文化资源，因此仍然吸引了大量来自国内外的游客。在龙脊古壮寨生态重建的过程中，龙脊旅游公司采取了介入的方式参与进来。一方面，旅游公司为龙脊古壮寨发展沼气产业提供资金。如在 2001 年沼气推广的过程中，龙脊古壮寨因处于龙脊景区之内，可以享受旅游公司提供的 500 元补助，比其他地方的补助多 100 元。另一方面，旅游公司推动了风景名胜区管理办法的制定，其中涉及生态重建的有关内容。根据《龙脊风景名胜区规划建设管理办法》，龙脊古壮寨民众失去了"在梯田观赏区内采矿、采石、挖沙、取土"等方面的自主权；"不得擅自改变用途、丢荒和毁坏"所承包的责任田；"不得破坏龙脊风景名胜区的天然植被及砍伐风景林木"。这些规定有助于实现龙脊古壮寨的生态修复与重建。

无论是传统的、现代的社会组织，还是商业化的旅游公司，都不直接掌握着政治权力，但它们却可以通过各种方式影响生态重建的进程，因此我们并不能否认其中存在的错综复杂的权力关系。在法国著名思想家福柯看来，权力不仅仅体现为国家行为，它要比国家机器更复杂、更稠密、更具有渗透性。在现实中，权力的实施走得更远，它可以穿越更加细微的管道，而且更加雄心勃勃，因为每一个单独的个人都拥有一定的权力，因此也能成为传播更广泛的权力的负载工具。① 而且，更为奇异的是，权力的运作还与话语的建构有着密切的关系，在生态重建话语建构的过程中，不仅是追求权力的过程，更是一种操纵权力的过程。其实，如果把眼光放得更为宽广些，我们就会发现，龙脊古壮寨的

---

① 〔法〕福柯著，严锋译：《权力的眼睛——福柯访谈录》，上海人民出版社，1997 年版，第 161、第 208 页。

生态重建某种程度上还受到各种经济、文化力量的制约。尤其在一个全球化的时代，龙脊古壮寨作为全球性旅游活动的一个热点，不可避免地也受到旅游业发展进程的影响，其生态重建的历史进程将与生态旅游长期密切共存。

二、沼气推广工程与生态重建

（一）沼气推广工程

近年来，中央政府非常重视农村沼气建设，把它纳入了带动农民短期增收的农村中小型基础设施的"六小工程"，即农村节水灌溉、人畜饮水、乡村道路、农村沼气、农村水电、草场围栏。从 2003 年开始，在国家发改委和农业部的具体操作下，每年安排 10 亿元以上的国债资金用于农村沼气建设。作为发展沼气潜力巨大的南方省区，广西壮族自治区得到了中央财政的大力支持。根据笔者对广西林业厅外部网站的数据统计，广西多年来获得的中央财政支出的沼气建设资金具体如下：

表 3 - 1　中央财政 2003—2011 年支持广西农村
沼气建设资金统计表

年份	总投资额（万元）	年份	总投资额（万元）
2003	8225.1	2008	31596
2004	6056	2009	22000
2005	6527	2010	35610
2006	13627	2011	24602
2007	13494.65	总计	161737.75

资料来源：据广西林业厅官方网站新闻报道综合而成，登入时间：2011 年 12 月 18 日。

从表 3 - 1 可以看出，中央政府对广西境内的农村能源建设尤其是沼气推广工作非常重视。从 2003 年至 2011 年间，广西共承担中央农村沼气项目近 10 万个，总投资 40 多亿元，涉及中央资金 16.17 亿元。在此期间，国家对农村每个沼气池补助 1000元，广西财政补贴 100—300 元，县级财政有时候也给以补助。按照国家的部署，广西农村户用沼气项目基本建设单元为"一池三改"，即户用沼气池与改圈、改厨、改厕同步设计、同步施工；乡村服务网点项目主要购置进出料设备、检测设备和维修工具，其中中央投资重点支持购置进出料设备（进出料车、真空泵、储液罐）；养殖小区沼气工程项目主要建设沼气发酵池、原料预处理、沼气供气和沼肥利用设施等。2010 年 7 月 8 日至 8 月 11 日，广西 2003—2010 年中央投资农村沼气项目顺利通过财政部绩效考评，并被评定为优秀等次。为促进农村沼气事业又好又快发展，考虑到建设成本大幅上升等因素，从 2011 年开始，国家发展改革委、农业部适当提高户用沼气中央补助标准，广西农村户用沼气补助提高到 2000 元。

在中央政府大力支持的同时，广西壮族自治区党委、政府十分重视沼气推广工作，出台了许多政策、措施推动沼气建设。指出沼气建设是农村今后的发展方向；要把沼气推广同技术改进结合起来，把经营管理方式的创新同基础设施建设的改进结合起来，以人为本，兼顾各方面，走出一条科学发展之路。广西区人民政府将沼气建设作为保护和改善生态环境的配套工程和社会主义新农村建设的基础工程，作为加快建设节约型和环保型社会的重要途径，作为促进农业增效、农民增收和为农民办实事的重要举措，连续 10 年把沼气建设列为为民办实事的重要内容，并逐年加大投入。2006—2009 年，广西财政投入沼气建设资金达到

5. 54 亿元，比"十五"期间投入总和多 1. 56 亿元。① 2003 年 9 月，广西区人民政府办公厅下发了《关于印发 2003 年全区农村生态家园建设实施方案的通知》（桂政办发〔2003〕166 号）文件；2005 年 8 月，广西区人民政府在浦北县召开全区沼气生态家园建设工作会议，贯彻落实自治区关于建设"生态广西"的要求，总结近年广西沼气生态家园建设经验，研究部署沼气生态家园和沼气国债项目建设工作，进一步推进该区沼气生态家园建设；2007 年 9 月，广西区人民政府在武鸣县召开了全区沼气生态家园建设现场会议。会议总结交流了"十五"以来广西沼气生态家园建设取得的成绩和经验，提出了新形势下农村沼气建设工作思路和政策措施；2010 年 2 月，广西区人民政府下发了《关于下达 2011 年国民经济和社会发展计划的通知》，将沼气池建设列入全区国民经济和社会发展计划，作为切实加强"三农"工作和生态惠民的一项重点工程，以及自治区人民政府为民办实事的一项重要内容，计划稳步发展沼气。在"十一五"期间，广西农村沼气建设实现新跨越，全区沼气池建设以每年新增 21 万户左右的速度发展。2006—2010 年，新增沼气池 106 万户。截至 2010 年底，全区累计建成户用沼气池 371 万户，沼气池入户率 46.4%，沼气池入户率多年稳居全国第一。

当然，在中央和自治区政府的领导下，龙脊古壮寨所在的龙胜各族自治县、和平乡两级地方党委、政府也采取相应的措施推进农村沼气建设。龙胜各族自治县人民政府十分重视沼气的推广工作，早在 20 世纪 80 年代后期，就大力推行以推广省柴灶、兴建沼气池为中心的农村能源生态建设。如前文所述，在改燃节柴工作时，县里对兴建沼气池的农户，每户补贴价值 150 元的水泥

---

① 李建新：《中央领导高度评价广西沼气建设成果》，广西林业厅外部网站：http：//www. gxly. cn，2010－03－12。

图 3 – 1 龙脊古壮寨干栏中的沼气池

12 包。1992—1993 年间，就已经建设了一支 125 人的沼气池建设队伍。进入新世纪以后，龙胜各族自治县政府进一步认识到沼气建设的经济、社会和生态效益，因此大力推进此项工作。根据老支书潘庭芳的笔记记载，2001 年 7 月 3 日至 4 日，龙胜县政府在县城召开了县、乡、村三级干部参加的农村能源建设工作会议，要求进一步深化农村生态能源的发展，并给予沼气池建设每个 400 元的补助。为了向县级政府看齐，和平乡人民政府把沼气建设当作中心工作来抓，并采取多种措施推动沼气推广工程的有效实施。如在 2005 年，虽然龙脊古壮寨的沼气推广工作已经告一段落，但仍给龙脊村安排了整村推进项目 10 座。根据和平乡人民政府印发的《和平乡 2005 年农村沼气建设实施方案》：整村推进贫困村建池户每户补助 680 元，以物资及运费形式发放。其中包含有：沼气安装材料 154 元；两件瓷砖 28 元；灶台工价 28 元；进料管、抽渣设备 85 元；一吨 425 水泥 285 元；运费 80 元；瓷盆、沉水湾各一套 20 元。

在自上而下的沼气推广中，国家权力决定了沼气产业发展的方针、政策，并决定了补助以及配套资金措施等具体的制度性规定；地方政府看到国家出面大力提倡，加之迎合环境保护的社会思潮，同样大力推动沼气在农村地区的推广。

（二）龙脊古壮寨的沼气推广历程

虽然龙胜县政府早在 1988 年就已经开始推广沼气池，但由于当时仅只对地势较为平缓的地区，而对龙脊古壮寨这样交通不便的高寒山区，则主要推行省柴灶，并且取得了巨大的成功。但省柴灶毕竟是治标之法，不是治本之途，因此龙胜县政府在新千年前后开始在全县范围内推广沼气池建设。

在龙脊古壮寨，2000 年以前建造沼气池的并不是很多，一方面是因为农户资金紧张，国家补贴力度还不大；另一方面是农户对沼气的好处还没有深刻认识，总以为牲畜粪便经过沼气池后肥力就没有那么大了。根据龙脊村委会的统计，古壮寨 2000 年以前建造沼气的农户主要：廖家寨 4 户：志元、庆干、志培、忠建；侯家寨 5 户：荣兵、荣金、荣坤、承茂、荣孝；平寨、平段13 户：瑞龙、瑞旭、纯国、纯祖、瑞强、纯坤、纯壮、克明、纯勤、纯广、纯忠、克会、浩更。总计 22 户，相比于古壮寨 229户人家，入户率尚不及 10%。按照村民们普遍的说法，古壮寨从 1998 年才开始建造沼气池。对此，廖家寨的沼气池修造师傅廖忠建较有发言权。

早在 1996 年，县里从各村抽调人员到灵川去学习。我去了之后，认真学习，逐渐掌握了沼气池建造技术。刚开始时，不敢在村里做，于是先到外面去锻炼。我去的地方有平等乡的太平、伟江乡、江底乡的里木等地。刚开始在平等乡时，我们这些外地的师傅并不受欢迎。而在太平，那个地方林木稀少，缺少建沼气池用的木板。没有办法，我苦思冥想了一个晚上，决定用泥砖进行替代。在教会农户泥砖制作方法后，我们十多天后重新返回去做，结果十分成功。1998 年开始在我们村推广沼气池，我们还教会了一大批人，不少和我们一样成为县能源办联络的沼气池建造技术员。[①]

为印证廖师傅的上述陈述，笔者在古壮寨又访问了不少村民，有些根本没有印象了，有些还记得有这么回事儿，倒是曾经参与建造沼气池的廖琴春详细地讲述道：

我们老屋那边是 1998 年建造的沼气池。当时国家仅补助 12 袋水泥，其他的导管、沼气灶等配套设施全没有，结果投入了 800 多元钱才完成，由于村里当时经济仍较为困难，所以最初参与建造的农户并不多。现在那个沼气池还可以使用，只是要换渣。[②]

2000 年，龙胜各族自治县加大了生态示范区建设的力度，县里拿出资金大力推广沼气池建设项目。龙脊古壮寨作为县里有名的贫困村之一，有幸得到了县级扶贫部门和旅游部门的大力支持，因此当年掀起了大建沼气池的高潮。至 2001 年 7 月，时任村支书的潘庭芳在参加完县里的农村能源工作会议后，接着又在乡里参加了沼气工作会议。在这次会议上，和平乡政府提出全乡900 座沼气池建设的目标，几乎是龙胜县政府所要求的 500 座目标的两倍。正是在这次会议上，龙脊村分到了 100 座指标。值得庆幸的是，龙脊古壮寨由于处在龙脊梯田景区内，可以享受县旅游局 500 元/座的补助，比其他地方高出 100 元。另据老支书潘庭芳 2001 年 9 月 12 日的笔记，龙脊村的对口扶贫单位——县国

---

① 2011 年 9 月 6 日于龙脊廖家寨访谈廖忠建记录。
② 2011 年 9 月 5 日于龙脊廖家寨访谈廖琴春记录。

税局还扶助沼气60户，每户发放90元。这样一来，龙脊古壮寨民众的建造沼气池的积极性被充分调动起来，不少农户踊跃报名参加。根据龙脊村委会记录，2000—2001年古壮寨建造沼气池的数量如表3-2所示：

表3-2 龙脊古壮寨2000—2001年沼气池建造数目统计表

寨别	组别	2000年（座）	2001年（座）
廖家	第四组	15	8
	第五组	15	7
	第六组	12	4
	第十一组	10	4
侯家	第七组	10	2
	第八组	15	3
	第十二组	6	5
平寨	第九组	24	2
平段	第十组	8	
总　计		115	35

根据上表，至2001年末，龙脊古壮寨已建成沼气池172座，入户率达到75.11%，远高于龙胜县和广西区平均水平。2002年以后，龙脊古壮寨的沼气推广工作进入了扫尾阶段。按照龙脊村委会2002年10月30日的会议记录，上级下达的任务是发展25座，每座补助300元。随着2003年中央财政支持农村沼气建设政策的落实，龙胜各族自治县的农村沼气建设也受益匪浅。根据龙脊村委会2004年5月31日的会议记录，当年国家给龙脊古壮寨5座指标，每座配套700元，但要求连厨房一起配套实施。截至2005年底，龙脊古壮寨已经建造沼气池195座，其中廖家寨

107 户，建池 96 座，入户率为 89.72％；侯家寨 71 户，建池 52 座，入户率为 73.24％；平寨 27 户，建池 24 座，入户率为 88.89％；平段寨 24 户，建池 23 座，入户率为 95.83％。由于龙脊古壮寨的沼气推广工作取得了突出成绩，还受到上级政府的表彰，被评为"沼气建设先进村"。

图 3-2 龙脊沼气建设先进村的奖状

在龙脊古壮寨的沼气推广取得了阶段性成就以后，还有少量农户因资金、占地、劳动力等方面的原因未修建沼气池。在调查访问的过程中，笔者了解到廖家寨有一户人家在 2009 年才新建沼气池。据该村民讲述：

2009 年，我们建造沼气池，国家补助力度很大，每个沼气池给 20 袋水泥，6 盒瓷砖，其余沼气导管、沼气灶等一应俱全，还有煮饭用的锅头，我们都没用过。现在的沼气池建造技术比较先进，不养猪也可以用，像我们家这个，只要放些厨渣进去就可以啦。只是产气量不足，看着有 20 个单位，一下子就用完了。没办法，电更方便嘛。现在，不少新起房子的家庭，沼气基本上不再用了，当个化粪池来用。上屋我姐家以前曾建有沼气池，现在起了新房子，又新挖了一个很大的化粪池，可能原来的沼气池已经变成化粪池了。①

从沼气在龙脊古壮寨的整个推广进程来看，国家力量在其中起了极为突出的主导作用。如果没有国家资金的大力支持，龙脊古壮寨民众不会那么积极地参与到沼气建设中来，也不会实现如此高的入户率。

（三）沼气推广工程对生态重建的推动效用

沼气在龙脊古壮寨的顺利推广，不仅展示了地方政府重视乡村生态建设的政策指向，而且在事实上也推动了乡村生态修复与重建的历史进程。概括言之，沼气推广工程对龙脊古壮寨生态重建的推动效用可以归结为如下三方面：

1. 减少了能源性木材的消耗，降低了系统生态压力，直接推动了生态重建进程。

长期以来，壮族地区广大农村绝大多数的农户一直以柴草、秸秆作为主要的生活燃料。据调查统计，广西平均每一农户每年要烧掉2750千克薪柴、2115千克杂草和684千克作物秸秆（包括养猪用的燃料），约相当于每户每年烧去平均9亩左右的森林生长量和2.5亩稻田制造的稻草量。② 具体到龙脊古壮寨来说，伴随着人口数量的增加和养殖规模的扩大，在20世纪90年代中期以前，能源性木材消耗一直居高不下，因此古壮寨屋背的山头基本上成了光头山。森林被砍伐以后，水土保持能力减弱，旱涝灾害的频度和规模也在逐渐增大，使整个地方性生态系统出现了失衡的状况。

---

① 2011年9月4日于龙脊廖家寨访谈廖贻壮记录。

② 傅荣寿等编著：《广西农村能源史》，广西民族出版社，1993年版，第122页。

图 3-3　龙脊古壮寨流行的沼气灶

20 世纪 90 年代后期，龙脊古壮寨开始推广沼气池，利用沼气做饭、煮猪潲，极大地减少了柴薪的消耗。对此，平段寨潘瑞贵老人曾经给我们仔细算了一笔账："以前，我们每家每户做饭、煮猪潲，每年要烧掉百把担、万把斤柴火。现在改变了，大部分时间用沼气炒菜、煮猪潲，冬天气少时使用省柴灶，煮饭有电饭锅。这样一来，每年连 50 担柴火都烧不完。"可见，伴随着沼气的推广，有效地解决了农村的能源问题，能源性消耗的森林资源大大减少。从广西全区来说，森林覆盖率从 1996 年的 34.37% 提高到 2010 年的 58%；从龙胜各族自治县全县来说，森林覆盖率由 1987 年的 46.8% 提高到 2010 年的 76.2%，绿化程度高达85%。在森林覆盖率提高的贡献因素中，沼气推广工程无疑是其中最有效的措施之一。根据科技工作者测算，一个 8 立方米的沼气池年产气可达 400 立方米，基本可满足一户 4—5 人农家的炊事和照明用能需要，每年可节约薪柴 2 吨，相当于每年保护 2.5

亩森林资源。[①] 依此标准推算，龙脊古壮寨如今已建有沼气池200 多座，如果正常使用的话，每年可节约柴薪 400 多吨，相当于每年保护了 500 多亩森林资源免遭砍伐。即使如今打点儿折扣，沼气每日能够解决三分之一的用能，那么也有着很大的生态效益。对此，龙脊村老支书潘庭芳有着较为深刻的认识：

> 沼气用着很好，原来需要烧火，得花不少时间到山里去砍柴。建造沼气池以后，不用那么多柴火了，既可以节省砍柴的劳动力，又可以少砍林木，保护森林。如果没搞沼气的话，我们这个山场，破坏会非常大。因此，沼气推广的好处很明显的，一是保护了山林，再一个就是可以涵养水分，保障梯田稻作正常生产。

对于龙脊古壮寨这样的南岭山村来讲，相当长的历史时期内交通都不是很方便，获得外部能量支持的力度也比较小，因此通过发展沼气，把人畜粪便、秸秆转变为可以直接利用的生物能，直接减少了能源性木材的消耗，对整个梯田文化生态系统来说，也降低了其供给的压力，对生态系统功能的修复与重建具有直接效用。

2. 减少了砍柴的劳动力支出，增加了农民收入，间接推动了生态重建进程。

在我们看来，沼气建设除了直接的生态效益以外，还有着显著的经济效益。沼气的应用，不仅减少了龙脊古壮寨民众用于砍柴的时间，更重要的是，使他们能够自由地外出务工或者从事其他工作，增加了他们的经济收入。以有机肥价值而论，经过发酵后的沼气池沉渣和沼液，是优良的速效肥和充分腐熟的有机质肥

---

① 参见傅荣寿等编著：《广西农村能源史》，广西民族出版社，1993 年版，第112 页。

料。一个 6—8 立方米的沼气池，每次可贮沼液渣 4500—5000 千克，每年大出料两次，可得沼气肥 9000—10000 千克，而且沼气肥所含养分大，肥效明显。据科研单位实验：将质量、数量相同的人畜粪、青杂草、秸秆和清水分别同时加入一个沼气池和一个敞开的普通对照池，一个月后取样分析，结果发现沼气池水肥比对照池水肥平均全氮多 14%，铵态氮多 19%，有机磷多 31.8%；再把两种肥料在几种土壤和农作物上进行试验，在施肥量相等、栽培条件一致的情况下，施用沼气池肥料比对照池的增产幅度分别为：水稻 6.3%、油菜 10.1%、小麦 12.6%、棉花 15.7%。①

按照有关调查，农民建造一座 8 立方米的沼气池，每年可实现增收节支 1550 元，其中：年节省薪柴 2 吨，每吨按 300 元计，折款 600 元；节省 50% 的商品肥，折款 350 元；节约农药开支 100 元；节约电费 200 元；使用沼液、沼渣作为农作物和果树的肥料，每年可增收 300 元左右。众所周知，沼气产业有较为明显的季节性，毕竟对于地处高寒山区的龙脊古壮寨来说，其沼气池冬天的产气量是非常少的，难以满足日常生活所需。但民众增收节支以后，他们手中有了更富余的货币，在比较利益优势的作用下，通常会从市场上购买电饭锅、电磁炉、煤气灶等炊事设备，转而使用电能、液化气等其他形式的能源，这些能源不仅不存在季节性的问题，而且使用起来更为方便。

由于古壮寨民众实现了增收节支，他们又进而使用其他类型的外来能源，从而从另外一个层面支持了龙脊古壮寨生态重建的进程。再者说，作为一个已经广泛使用化肥农药的农村社区，沼气池所生产的沼液、沼渣是非常优质的杀虫剂或肥料，可以减少农药、化肥的使用数量，因此降低了整个梯田文化生态系统不可

---

① 参见傅荣寿等编著：《广西农村能源史》，广西民族出版社，1993 年版，第 119 页。

持续的风险，对生态修复与重建也具有一定的保障作用。

3. 改善了人居环境卫生，增强了生态保护意识，为巩固生态重建成果提供了保障。

沼气推广还产生了很大的社会效益。首先，沼气池可以充分地除害灭病，改善村民的人居环境卫生。在龙脊古壮寨，传统上盛行干栏式建筑，底层养猪、牛等牲畜，上层住人。每到夏秋之季，气温较高，牲畜粪便的气味就会透过木板传上来，让人闻着极为不舒服。更为重要的是，沼气池还可以充分杀灭寄生于粪便中的血吸虫、钩虫等幼虫的虫卵，有利于控制疾病的产生与传播。其次，沼气建设还增强了民众的生态保护意识。其实，龙脊古壮寨民众对自身过去大量砍伐森林的错误举动还是有一定认知的，但为了生存和发展的需要，他们仍不得不这么做，结果使得屋背的龙脊山变得光秃秃的，甚至影响到梯田生产的正常进行。在建筑沼气池的过程中，他们提高了生态保护意识，接受了外来先进的科学技术，试图与他们的传统文化结合起来，推动生态环境恶化局势的扭转。

在笔者看来，沼气推广在改善人居环境的同时，还为龙脊古壮寨民众发展旅游业创造了有利条件和保障。沼气推广给龙脊古壮寨民众以现代科学技术的洗礼，增强了他们保护周边生态环境的意识，并通过发展旅游业增加收入，最终进入到一个良性的生态产业循环。众所周知，古壮寨旅游资源丰富，不仅有百看不厌的梯田景观，还有不少独具特色的文化事项展示，是龙脊梯田景区不可或缺的组成要素。随着旅游业的发展，龙脊古壮寨民众的经济收入必将进一步增加，也就拥有了更多的货币收入，可以用来购买外部输入的食品、能源，进一步减轻小区域范围内的生态压力。与之密切相关，为了吸引游客，龙脊古壮寨民众必须要保持良好的生态环境，保障充分的水资源供应，否则，即使能够吸引到游客，也没有足够的生产生活用水可以供给。

综上所述，龙脊古壮寨的沼气推广，不仅减少了森林资源的消耗，降低了地方性生态系统的压力，直接推动了生态修复与重建，而且还增加了农民收入，增强了生态保护意识，有利于推动旅游业发展，从间接方面为生态修复与重建提供了坚实的保障。从发展生态产业的角度来看，沼气推广把龙脊古壮寨从"资源→产品→废弃物"的单向线性过程的传统模式推向了"资源→产品→废弃物→再生资源"的闭环反馈的循环经济模式，具有非常重大的生态文明效益，为壮族乡村乃至世界范围内的沼气推广工作提供了个案支持。

三、退耕还林工程与生态重建

（一）退耕还林工程

退耕还林还草工程是我国政策性最强、涉及面最广、群众参与程度最高的一项重大生态工程。早在1999年，中央政府选择四川、陕西、甘肃三省，率先开展了退耕还林试点工程。2000年3月，经国务院批准，退耕还林试点在中西部地区17个省（区、市）和新疆生产建设兵团的188个县（市、区、旗）正式展开。2001年，国家红水河梯级电站库区等水土流失、风沙危害严重的部分地区纳入试点范围，广西正式成为退耕还林试点省区。2002年1月，中央政府召开全国退耕还林工作电视电话会，宣布退耕还林工程全面启动。从2001—2010年，国家共安排广西退耕还林工程建设任务1398.5万亩，其中退耕地还林349万亩，荒山荒地造林908.5万亩，封山育林141万亩，累计投资达到67.97亿元。工程建设涉及全区14个地级市，100个县（市、区），14个区国有林场，962个乡镇，8693个村，退耕农户88.1万户，农民351.6万人。2008年，全国进入巩固退耕还林成果的新阶段，国家批复广西14个市86个县（市、区）实施巩固退耕还林成果专项规划，核定广西巩固退耕还林成果专项资金 28.45 亿元，2008—2015 年共 8 年组织实施。① 2009 年，为巩固退耕还林的成果，国家决定将补贴政策由原来的 8 年延长到 16 年。即原先已享受国家补贴的退耕农户，在享受完原政策规定的 8 年之后，还可继续享受 8 年。这样来看，中央政府对广西红水河梯级电站库区、石漠化地区的生态修复与重建工作还是非常重视的，安排了大量的项目和资金用于全自治区范围内的退耕还林工作。

　　早在 20 世纪 80 年代，广西壮族自治区就开始出台政策措施推动退耕还林工作，对经过验收的退耕还林地段，按面积补助粮食。从 1984 年至 1988 年，广西全区共退耕还林 85 万亩。与此同时，林业部门还通过农业银行为山区安排了退耕还林的专项贷款指标，并承诺 10 年内的利息均由林业部门承担。② 1998 年，广西区党委、政府提出实施绿色工程，并把退耕还林列为工程建设的重要内容，自治区林业局还于当年组织编制了 1999—2000 年退耕还林实施方案，积极开展退耕还林工作。虽然广西当时还没有列入国家退耕还林示范省区，但已利用有限资金在一些地方进行了退耕还林试验。至 2000 年底，广西全区退耕还林面积已达到 3.8 万公顷。然而，由于后续资金跟不上，整个工作开展起来比较困难。③ 2001 年，广西纳入退耕还林试点以后，开始推行省级政府总负责制，由林业部门具体实施，西部办、计划、财政、粮食等部门密切配合。层层落实工程建设的目标和责任，层层签订责任状，并认真进行检查和考核。广西林业部门提出：实

---

　　① 广西林业厅：《广西实施退耕还林工程成效显著》，国家林业局政府网：ht-tp：//www. forestry. gov. cn，2011 - 07 - 25。

　　② 韦纯束等主编《当代中国的广西（上）》，当代中国出版社，1992 年版，第 80—81 页。

　　③ 佚名：《黎梅松局长接受新华社记者采访实录》，载《广西林业》2001 年第 1 期，第 8 页。

施退耕还林工作要以生态效益为核心，以保护好现有植被和合理开发土地为基础，以退耕还林还草、调整治理水土流失为突破口，实行退耕还林还草、荒山造林、发展沼气相结合，退耕还林还草与生态环境建设、农村经济结构调整和扶贫攻坚相结合，实现生态、经济、社会三大效益的协调发展。由于广西地方各级党委、政府非常重视退耕还林工作，并采取了一系列的推动措施，因此广西的退耕还林工作取得了很突出的成效。截至 2011 年 6月底，全区已完成工程建设面积 1382.4 万亩，占计划任务的98.8%，基本完成了国家下达的退耕还林工程计划任务。其中退耕地还林 345.4 万亩，占计划任务的 99%；荒山荒地造林 898.7万亩，占计划任务的 98.9%；封山育林 138.3 万亩，占计划任务的 98.1%。在实施巩固退耕还林成果专项规划方面，全区完成2008—2010 年度巩固退耕还林成果林业项目投资 15132.22 万元，完成补植补造 78.86 万亩，用材林造林 18.36 万亩，经济林造林5.61 万亩，低效林改造 8.59 万亩。[①]

为推进国家级生态示范区创建工作，龙胜县党委、政府于1999 年冬把眼光瞄准了水土保持差、只能种杂粮的贫瘠坡地，开展了坡地改梯田种经济林冬春大会战。要求每个县直属机关单位和林业干部下村包点，对各村的"坡改梯造林"进行统一规划、统一设计，统一购回优质苗木无偿分配给农民，提供小额扶贫贷款，指导和帮助农民"坡改梯造林"。经林业部门验收合格的，县政府每亩发给 250 元补助。奋战了一个冬春，全县"坡改梯造林"8000 亩，全部种上了柑橘、桃李、板栗、毛竹等经济林。2001 年，继续加大退耕还林的力度，将高山"坡改梯造林"的补助提高到了每亩 350 元。2002 年，除将国家的退耕还林补助

---

① 165 广西林业厅：《广西实施退耕还林工程成效显著》，国家林业局政府网：http：//www.forestry.gov.cn，2011 – 07 – 25。

兑现之外，再次提高县里的补助。优惠的政策鼓励了农民"坡改梯造林"的积极性，使该自治县大部分坡度较缓、沿河一带的坡地退耕造林。截至2003年初，全县退耕还林4万亩。[①] 其后，虽然广西区林业局每年都给龙胜安排一些退耕还林项目，但由于国家在广西退耕还林的中心地带是红水河梯级水电库区和石漠化地区，因此龙胜的退耕还林工作指标并不是很多，如2010年，龙胜仅完成退耕还林面积2.5万亩。

综上所述，从中央到自治区，再到龙胜各族自治县县级层面，退耕还林工程都是一项以政府为主导的、由政府出资的、广大老百姓普遍参与的重大生态重建决策。该工程的根本目的是通过人力的保护性干预使业已受到破坏的自然生态系统逐渐恢复良性运转，实现人与自然的和谐共生。

（二）龙脊古壮寨的退耕还林工程实施状况

如果说龙脊古壮寨的退耕还林是从1999年开始亦未尝不可，因为正是在这一年，龙脊古壮寨参与了县级政府组织的坡改梯大会战。然而，由于当时龙脊古壮寨民众还大量养殖猪、牛、马等牲畜，迫切需要大量的玉米、红薯等杂粮，因此退耕还林的力度非常小，仅仅是一些很偏僻的、低产的地段实行了坡改梯种果种茶。当然，我们今日平常所说的"退耕还林"基本上是指2002年以后的事。龙脊古壮寨从该年起参与了中央政府发起的"退耕还林工程"。

为了了解退耕还林工程在古壮寨的具体实施情况，笔者访问了不少农户，但大多都不知道具体是怎么回事。2011年9月7日，恰逢廖家寨提前过一年一度的"秋社"，各位寨主召集大家开会。在这次节庆期间，笔者向时任寨主的廖忠建打探，下面是

---

① 166 佚名:《龙胜退耕还林取得双效益》，桂林经济信息网: http: //www. gl. cei. gov. cn，2003 – 01 – 10。

我们的对话：

问：刚才您在讲话中提到退耕还林，能讲讲这方面的情况吗？

答：我们屯2002年开始退耕还林，当时说是每亩退耕地每年给300斤粮食。2010年，8年时间已经完结，说是再延长4年，但补助款要减少一半。

问：为了保证退耕还林的有效实施，寨内采取了哪些举措？效果如何？

答：从2008年被选为屯委之后，我们考虑到村里面浪放牛只的严重情况，请各组组干告知组内群众，千万勿要再浪放耕牛，以防杉木苗和竹笋受损，否则予以惩罚。由于坚持这一规定，近年来毛竹成林，杉木苗也已经长到1米多高。如果浪放牛只的话，一天一头牛可以吃100多条嫩竹笋。原来毛竹每隔6米一蔸，现在间隔只有2米了，可见毛竹的保护卓有成效。

从廖忠建的上述回答来看，龙脊古壮寨是从2002年开始参与到退耕还林工程中的。为了保证退耕还林的实效，廖家寨还制止民众浪放耕牛，以防退耕还林的林木受损。事实上，这一村规民约已经起到了实效，对毛竹的生长起到了很大的保护效用。

有幸的是，笔者在龙脊村委会办公室找到了一些当时关于退耕还林的统计资料，里面涉及古壮寨各组生态林、经济林的种植情况，下面以龙脊古壮寨第四组的情况为例加以说明：

表3-3　龙脊古壮寨第四组2002年退耕还林统计表

姓名	种类	数量	姓名	种类	数量
廖仕琼	杉木	1亩	廖志林	摆竹	2.5亩
廖志付	杉木	2亩	廖天祥	板栗	1亩
廖志秀	杉木	2亩	廖荣文	摆竹	1亩
廖荣文	杉木	1亩		油茶	1亩
廖天祥	水冬瓜	1亩	廖贻玄	摆竹	1亩
廖志斌	水冬瓜	1亩		板栗	1亩
廖志友	水冬瓜	1亩	廖志维	水冬瓜	1亩
廖仕发	水冬瓜	1亩		金银花	1亩
廖贻章	水冬瓜	1亩	廖贻明	摆竹	0.5亩
廖贻永	水冬瓜	1亩		月柿	0.5亩
廖贻训	水冬瓜	1亩		核桃	0.5亩
廖志玉	水冬瓜	1亩	廖志意	摆竹	0.5亩
廖志良	水冬瓜	2亩		板栗	0.5亩
廖仕才	水冬瓜	1亩	廖志文	摆竹	0.5亩
廖志勇	拟赤杨	3亩		板栗	0.5亩
廖志干	八角	1亩	廖贻侣	葡萄	1亩

资料来源：龙脊村委会办公室。

　　从表3-3中，我们可以看出：龙脊古壮寨第四组共25户人家参与了2002年的退耕还林工程，其中被认定为乔木类生态林的杉树、水冬瓜、摆竹、八角等28亩；被认定为灌木类生态林金银花1亩；被认定为生态林与经济林兼用树种油茶、核桃、板栗、月柿等5亩；被认定为经济林的葡萄1亩，共计35亩。

　　与第四组相比，龙脊古壮寨第五组的参与户数没有那么多，但他们统计得更为细致，甚至连退耕还林的小地名都标示出来了，让人一目了然：

表 3 - 4　龙脊古壮寨第五组 2002 年退耕还林统计表

姓名	小地名	种类	数量	姓名	小地名	种类	数量
廖贻川	岩背山	竹子	4 亩	廖志宁	更闹	杉树	2 亩
廖志谋	岩背山	竹了	4 亩	廖贻兵	水井背	杉树	2 亩
廖志伯	盘古山	茶叶	1.5 亩	廖志胜	更闹	杉树	2 亩
	大塘	月柿	3 亩	廖仕坤	水井背	杉树	2 亩
廖志义	更燕	八角	2 亩	廖志红	大塘	板栗	2 亩
廖志龙	湾作	板栗	3 亩	廖仕汉	湾作	板栗	2 亩

资料来源：龙脊村委会办公室。

从表 3 - 4 中，我们可以看出：廖家寨第五组 2002 年参与退耕还林工程的农户共 12 户，退耕数基本上都在 2 亩以上，主要种植杉树、竹子、板栗等，共计 29.5 亩。

退耕还林较多的古壮寨生产组还有：第六组除集体发展 20 亩拟赤杨以外，廖志克个人退耕种植八角 1 亩、板栗 1 亩；廖志庆则种植水冬瓜 2 亩、茶叶 1 亩、桃李 1 亩、八角 0.5 亩、板栗 0.5 亩，总计第六组 2002 年共退耕还林 27 亩。还必须指出的是，在最初的退耕还林中，由于侯家、平寨、平段占有的山林较少，加之民众尚未认识到退耕还林的好处，因此参与第一批退耕还林的并不多。根据老支书潘庭芳 2003 年初办理退耕还林粮本的记录来看，在龙脊古壮寨 69 户中，侯家、平段、平寨所占户数在三分之一左右，其余全部为廖姓村民。

随着 2003 年退耕还林粮食和补助款的兑现，古壮寨没参与退耕的民众开始进一步参与进来。从 2004 年开始，国家决定按照每公斤 1.4 元的价格直接给予退耕农户补偿款，而不再直接发放粮食。在这一年，龙脊古壮寨不少农户参与进来，笔者的房东廖贻壮就是这一次进入到这一项目中的。根据他手上保存的协议书，他参与退耕还林的坡耕地在更闹，面积仅 0.4 亩，可种植 40 棵八角和 10 棵枇杷，退耕年限为 2004 年 1 月至 2012 年 1 月。由于八角属于南方生态林树种，因此在此期间每年可享受国家补助 84 元。不过，按照老支书潘庭芳 2004 年 6 月 5 日的笔记，当年和平乡仅有指标 500 亩，但却完成了 800 亩，因此最终只能按国家标准的 70% 发给补助。2005 年 1 月 28 日参加和平乡年终总结会的笔记显示：退耕还林工作，已经公示了的名单，可以到乡政府办理领证手续；未合格的，今冬可以补种，明年来领证。在此之后，在老支书的笔记中，就再也找不到退耕还林方面的记载了。这说明，由于退耕还林的指标有限，加之龙脊古壮寨民众需要保证他们基本的口粮需要，因此古壮寨的退耕还林工作到此基本告一段落。从 2002 年至 2004 年，龙脊古壮寨参与退耕还林的农户约 100 户，共退耕还林 300 亩左右。

从全国来看，到 2007 年时，国家为确保"十一五"期间耕地不少于 18 亿亩，原定"十一五"期间退耕还林 2000 万亩的规模，除 2006 年已安排 400 万亩外，其余暂不安排。其实，在退耕还林工程的内涵之下，还包括宜林荒山荒地造林，国家对此给予每亩 50 元的种苗费补助。但由于龙脊古壮寨的荒山荒地早在 20 世纪 90 年代就基本上已造林绿化了，所以山上基本不存在这一类型的退耕还林。

（三）退耕还林工程对生态重建的积极效用

虽然退耕还林工程仅在龙脊古壮寨推行 8 年多，但其积极效用却是显而易见的。从生态重建的角度来看，退耕还林工程的推动效用主要体现在以下两方面：

1. 退耕还林工程的实施，不仅增加了森林覆盖率，减少了水土流失，而且解放了劳动力，增加了农民收入，直接推动了生态重建的进程。

作为中国政府在改革开放新时期的一项重大战略决策，退耕还林工程不仅是推动西部地区发展的重大项目，而且是进行生态系统修复与重建的宏伟规划。退耕还林工程的实施，战略性地把部分不适宜继续耕作的土地转化为林地，可以在较长的一个历史时期内减少这些土地表层的土壤扰动，增加了森林覆盖率，不少水土流失严重的地区提高了固土保水的能力。以广西来说，截至2009年5月底，就已完成工程1299.8万亩，其中，退耕地还林345.6万亩，荒山荒地造林832万亩，封山育林面积122.2万亩。据阶段验收结果显示：全区保存面积1235.3万亩，保存率为95%，已成林面积1055万亩，成林率为85.4%。退耕还林工程的实施，使广西全区森林覆盖率提高了2.8个百分点，工程区森林覆盖率提高了3.1个百分点，有的工程县森林覆盖率甚至提高了7个百分点。[①]

由于森林覆盖率的提高，生态系统的涵养水土的能力得到增强，可以减少水土流失。自然科学家们的研究已经证实了我们上述推论。罗海波等通过对贵州山区退耕还林地3年的定位观测研究，结果发现：退耕还林后旱坡地地表径流中泥沙含量降低，土壤养分流失较少，土壤容重降低，土壤理化性质改善。尤其是旱坡陡耕地，可以明显降低土壤侵蚀。[②] 龙脊古壮寨与贵州山区类似，退耕还林的基本上都是旱地陡坡，以往的水土流失情况极为严重。如今，伴随着退耕还林工程的实施，龙脊古壮寨民众普遍建造了沼气池，大量应用外部能源，减少了对小区域内森林资源的砍伐，水土流失恶化的情况得到了逐步遏制。以前，古壮寨下雨的时候，旁边的小溪充满了泥沙，相当地浑浊。而在我2011

---

① 陈秋华：《退耕还林绿了八桂大地富了壮乡百姓》，载《中国绿色时报》，2009年11月6日，第4版。

② 罗海波等：《喀斯特山区退耕还林（草）保持水土生态效益研究》，载《水土保持学报》2003年第4期。

图 3 - 4   退耕后种植的毛竹林

年 9 月前往考察时，河谷的水流中虽然含有树叶、枯草等有机物，但土壤颗粒的数量明显减少，往往在大雨暂停一段时间之后就恢复了清澈见底的状态。

对龙脊古壮寨的民众来说，退耕还林工程的实施，减少了农民所必须耕种土地的数量，解放了劳动力，因此大量的劳动力得以外出务工，极大地改善了当地民众的日常生活。当然，退耕还林补助本身也成为当地农民收入的一部分。在谈及此事时，我的房东廖贻壮先生不无侥幸地说："退耕还林刚开始时，很多人都不相信补助这回事儿，没有参与退耕。现在，看到退耕的人已经领了好几年的补助。现在，退耕的还有不少没养成树林，据说还要延长 4 年。这让那些没参与的人后悔不已。"① 其实，时至今日，龙脊古壮寨民众大量外出务工，不少农田即使没有参与到当年的退耕还林工程中去，也自然地种上了杉木、毛竹或者自然抛

① 2011 年 9 月 9 日于龙脊廖家寨访谈廖贻壮记录。

荒了。

因此，从某种意义上，我们可以说：退耕还林工程是龙脊古壮寨生态重建进程中浓墨重彩的一笔，它不光加大了龙脊古壮寨生态修复与重建的力度，更重要的是，它为龙脊古壮寨地方性梯田文化生态系统的维系与发展提供了坚实的保障。

2. 退耕还林工程的实施，不仅促进了龙脊古壮寨的经济结构调整，而且增强了当地民众的生态文明意识，间接上为生态重建提供了支持和保障。

在退耕还林工程实施的过程中，龙胜县和平乡政府正在实施农业综合开发，试图把种果树、建沼气以及兴修水利结合起来，大力推进农村经济结构调整。龙脊古壮寨作为龙胜县政府扶贫重点村之一，一直得到了上级政府的关注。在此过程中，和平乡政府提倡不仅要做好"山"的文章，统筹考虑退耕还林、公益林、珠江防护林等相关的科技扶贫项目，而且要求做好"田"的文章，发展香芋、西红柿、罗汉果种植等特色种养殖业。[①] 与此同时，从农业耕作中解放出来的劳动力大量外出务工，成为龙脊古壮寨经济收入的重要渠道；有些农户看到了龙脊古壮寨民族传统文化的旅游价值，开始开办旅馆、餐馆、小卖部，从事旅游服务业。

尤其需要肯定的是，国家的退耕还林政策激励了龙脊古壮寨的民众，他们在此过程中极大地增强了自身的生态文明意识。对此，广西壮族民众在山歌中深情地唱道："想起当年泪水出，毁林开荒把地锄；小米不得几多斗，水土流失露筋骨。全靠党的政策好，退耕还林显奇招；栽竹种树保水土，返璞归真路一条。退耕还林山变美，层峦叠彩花又飞；多年不见蜂蝶舞，如今结伴又

---

① 老支书潘庭芳 2003 年 3 月 9 日参加乡政府会议记录。

图 3 - 5　退耕后种植的杉树苗

飞回。"[1] 龙脊古壮寨乡土诗人廖忠群曾赋诗一首云:"总理挥毫政令颁，退耕还林秀千山。山青水美人民富，大地神州绿浪翻。"[2] 从这些歌颂退耕还林工程的山歌和诗篇中，我们不难看出:壮族人民十分后悔当年的"毁林开荒"行为，因此在退耕还林的大形势下，"栽竹种树保水土"，实现了"千山秀"、"绿浪翻"的生态修复目标。而这一目标的实现，与退耕还林工程及其政策有着密切的联系。

在我们看来，退耕还林工程的实施，表明了国家整治生态环境退化的决心和勇气，激励了龙脊古壮寨的民众参与到这一伟大的历史进程中来。龙脊古壮寨民众在生态文明意识的推动下，即使在后期并没有任何国家补助的情况下，仍然自发地退耕还林，

---

① 赵如锋主编:《建设和谐广西山歌》，作家出版社，2006 年版，第 84 页。

② 潘绍山、潘鸿钧主编:《龙胜壮族草根诗词选》，龙胜老年大学、龙胜桑江诗词学会 2009 年编印，第 137—138 页。

种植杉树、摆竹等生态林，固土保水，防止水土流失，加快退化
生态系统的修复与重建。

四、反思国家权力与环境之间的关系

在本章中，我们主要研讨的是国家权力对龙脊古壮寨生态重
建进程的参与及其取得的积极效用。在生态重建的历史进程中，
中央和地方政府把它们关于地方生态重建与区域发展的设想转化
为具体的政策和行动指南，并适时运用多种经济杠杆予以拉动，
显示出国家权力在地方生态环境建设中的突出作用。

其实，在国内外的社会科学研究中，学术界对国家权力的作
用已经有了较为深刻的认识。杜赞奇注意到乡村社会中的权力关
系与国家政权扩张之间的张力：中央和地方政权企图将国家权力
延伸到社会基层，实现对乡村社会的有效控制，然而，乡村社会
长期存在着"权力的文化网络"，乡村精英为争夺控制权，与国
家政权展开了一轮又一轮的博弈。[①] 斯科特较为全面地分析了国
家推行项目失败的尴尬现实，并最终得出结论说：社会的清晰性
提供了大规模开展社会工程的可行性，极端现代主义的意识形态
提供了愿望，独裁的国家具有实现该愿望的决定权和行动能力，
而软弱的公民社会则提供了等级社会作为其实现的基础：上述四
个因素的结合必然会引发社会灾难和自然灾难的泛滥。[②] 值得注
意的是，斯科特还曾经提出：科学林业、工业化农业很可能会损
害到人们的生命、破坏生态系统并带来破裂或贫穷的社会。以科

---

① ［美］杜赞奇著，王福明译：《文化、权力与国家》，江苏人民出版社，2004
年版。

② ［美］詹姆斯·C. 斯科特著，王晓毅译：《国家的视角：那些试图改善人类
状况的项目是如何失败的》，社会科学文献出版社，2004 年版，导言，第 6 页。

学林业为例,它发展起源于 18 世纪末的普鲁士,并最终成为法国、英格兰、美国以及所有第三世界林业管理技术的基础。在国家权力的支撑下,德国的林业科学和几何学成功地将真实、多样和杂乱的原生森林变成了单一树种的、同一树龄的、利于管理的标准化、军团化商业林场。在短期间内,将森林转变为商业化产品的简单化实验非常成功,新森林的生产能力改变了国内木材供给下降的趋势,提供了更多相似的木材和有用的木质纤维,并且缩短了轮作的周期,成功地提高了林地的经济回报。然而,在第二轮针叶林种植以后,单一树种森林在生态方面的负效应和商业上的痛苦结果开始显现出来。很快地,随着土地的退化,林木生长营养严重不足,商业化森林产量极度锐减 20% 到 30%。于是,一个新的词汇,"森林死亡"(Waldsterben)进入了德文的词汇中,用以描述科学林业极度简单化的最坏结果。① 这与我们当前研讨的主题密切相关。

作为试图把生态学和更广泛的政治经济学结合起来的一门学科,政治生态学对国家权力与环境之间的关系有更为清晰的表述。美国政治生态学家布莱恩特(Raymond L. Bryant)在对缅甸林业进行研究的过程中发现,国家在热带森林变迁中扮演着核心角色:一方面,国家作为经济发展的服务商,要为资本积累提供自然的、金融的和社会的基础;另一方面,由于国家并不简单地是资本的代理商,它还有自己的政治、经济和策略利益。因此在利用热带森林的过程中,国家可以加快经济发展的进程,但同时亦提升了关乎环境变迁的重要资源的控制力。② 罗宾斯(Paul

---

① [美]詹姆斯·C. 斯科特著,王晓毅译:《国家的视角:那些试图改善人类状况的项目是如何失败的》,社会科学文献出版社,2004 年版,第 8—18 页。

② Raymond L. Bryant. *The Political Ecology of Forestry in Burma*, 1824 – 1994. Honolulu: University of Hawai'i Press, 1997, pp. 6 – 7.

Robbins）吸收了布莱恩特等人的思想，更明确地提出：环境变迁和生态现实是政治进程的产物。不仅如此，不但生态系统是政治性的，而且我们关乎它的观念还进一步地被政治经济进程所限定和控制。① 总的来说，政治生态学坚持认为生态变迁背后的政治因素是至关重要的，甚至比其他任何因素都重要，因此在研究中要"把政治放在优先地位"。② 联系到我们当前所研讨的龙脊古壮寨生态重建的案例，20 世纪 50 年代以来的"向自然开战"的历次农村运动，的确使龙脊古壮寨的地方性梯田文化生态系统出现了生态退化和灾变频繁的负面影响，国家权力的因素对此负有不可推卸的责任。

正如罗宾斯所言："政治必然是生态的，而生态本质上是政治的。"③ 在政治因素对生态环境变迁发挥作用的同时，生态环境现实同样会对政治发挥反作用，迫使政府采取适当对策解决生态退化的问题。放眼全球，多种多样的生态环境灾难层出不穷，当地民众尤其是了解问题由来的环境保护主义者往往会采取游行、抗议、发表演说等形式，来对整个社会施加影响，甚至形成一种全球环境运动。④ 当然，不可否认的是，环境现实要想对政策发挥反作用，必然要有一种机制。首先，关注生态环境问题的

---

① Paul Robbins. *Political Ecology: A Critical Introduction.* Blackwell Publishing, 2004, pp. 11 – 12.

② Raymond L. Bryant and Sinéad Bailey. *Third World Political Ecology.* New York: Routledge, 1997, pp. 5 – 7.

③ Paul Robbins. *Political Ecology: A Critical Introduction.* Blackwell Publishing, 2004, pp. xvi – xvii.

④ 相关文献非常众多，如 Adam Rome. "Give Eearth a Chance": The Environmental Movement and the Sixties. *The Journal of American History*, 2003, vol. 90, No. 2, pp. 525 –554；具备人类学视角的研讨，可参阅 Kay Milton. *Environmentalism and Cultural Theory: Exploring the Role of Anthropology in Environmental Discourse.* London: Routledge, 1996.

人们把环境污染、物种灭绝、气候变暖等现象描述出来，并使公众所知，进而在社会上形成一种环境话语体系。其次，政府机构受到环境话语体系的影响，接受了人们关于生态退化的认知，然后通过一系列的各种势力的协商和妥协，最终才可能出台有关修复与重建生态系统的政策。20 世纪 80 年代以后，面对生态退化和灾变频繁的环境现实，中央和地方政府适时调整生态建设方向，对局部地区进行生态修复与重建，一定程度上扭转了生态环境继续恶化的局面。在龙脊古壮寨的地方性生态系统由生态退化转为相对均衡的过程中，环境现实对国家和地方政府的环境政策走向发挥了制约作用，迫使中央和地方政府采取一定的对策，处理龙脊古壮寨乃至整个中国农村面临的生态环境退化问题，逐渐修复了局部地区的生态系统，成功地实现了区域性的生态重建。

第四章 科学与民族科学：
生态重建的知识体系

生态重建是一个系统工程，它离不开人类社会业已形成的传统生态智慧和现代科学知识的支持。从知识的视角来看，参与龙脊古壮寨生态重建的主要是两类知识体系：科学和民族科学。当然，本章关注的是与生态重建有密切关系的部分，主要涉及的是生态、能源以及农业科技和传统生态知识。为阐明两种知识之间的差别与联系，本章第一节将进行理论上的梳理，为下文进一步展开论述奠定坚实的理论基础。然后，分别从传统生态知识和现代科学技术两个角度探讨它们对龙脊古壮寨生态重建的贡献与价值，最终得出必须综合利用两种知识体系的结论。

一、参与生态重建的两种知识体系

（一）作为民族科学的传统生态知识

民族科学（ethno‐science），又称为"认知人类学"，其中的"ethno"指的是从被研究者的角度（主位的）界定的而不是从分析者的角度（客位的）界定的知识领域。① 从这个意义上讲，"民族生态学"是民族科学门类的一种学科，与"科学生态学"相对应，它研究的是特定文化传统的环境知识，而这些知识

---

① ［英］凯·米尔顿：《多种生态学：人类学，文化与环境》，载《国际社会科学杂志》1998 年第 4 期。

只在那个特定的文化语境中才是有效的。为了叙述的方便，生态人类学家通常会把上述"特定文化传统的环境知识"称为"传统生态知识"。不过，在具体的研究过程中，一些学者会根据叙述的需要，在"本土技术知识"、"本土生态知识"、"本土环境知识"、"地方性知识"、"地方性生态知识"、"民间知识"、"传统生态知识"、"传统环境知识"以及"乡村人的知识"等10余种称谓之间进行选择和互换。其实，无论采用哪一种称谓，都基本上属于同一个研究范畴。根据笔者的观察，生态人类学家更喜欢使用"本土生态/环境知识"（indigenous ecological/environmental knowledge，简写为 IEK）或"传统生态/环境知识"（traditional ecological/environmental knowledge，简写为 TEK）。在本书中，笔者倾向于采用"传统生态知识"这一术语。按照著名学者贝尔克斯的界定，传统生态知识指的是"随适应性过程进化的、祖祖辈辈经由文化传承传递下来的有关生物体（包括人类）彼此之间和与它们的环境之间关系的知识、信仰和实践的集合体"。① 相比于术语"传统生态知识"，一些学者更喜欢使用"本土生态知识"。② 然而，这一术语却存在许多难以界定的问题：对一个族群来说，有时无法溯其根源，也就难以确定其是否更为本土；同时，"本土的"一词有时还与道德偏见和政治权力相关联，不少族群认为自己是本土的，目的在于主张权利和保护群体利益；政府部门声称无论人们如何标榜自身的本土性，总要在其

① Fikret Berkes. *Sacred Ecology*: *Traditional Ecological Knowledge and Resource Management*. Taylor & Francis, 1999, p8.

② Dennis M. Warren, L. J. Slikkerveer, David Brokensha, eds. *The Cultural Dimension of Development*: *Indigenous Knowledge Systems*. London: Intermediate technology, 1995; Roy Ellen, Peter Parkes, Alan Bicker, eds. *Indigenous Environmental Knowledge and its Transformations*. Hardwood Academic Publishers, 2000.

司法权的管辖之下。① 为避免出现"本土"标签，还有一些学者喜欢采用"地方性知识"这一术语。虽然地方性知识听起来似乎很中立，不存在任何道德偏见问题，但它却内在地强化了人类学界长期存在的问题重重的假设：非工业社会空间上是隔绝的。② 其实，不少人类学家早已认识到，小规模部落并非是孤立隔绝的社会，如克罗伯（Kroeber）第一个认识到菲律宾尼格利陀人还以贸易为生；莫里斯（Morris）认识到，印度南部流动的森林居民其实是林产品交易者，而不是与世隔绝的狩猎采集民；海德兰（Headland）发现，他所研究的阿格塔人当时不仅自己会耕种，而且与菲律宾尼格利陀农耕民有着密切的联系，定期与外来者进行林产品的交易。③ 此外，"地方性"一词本身还带有文化霸权的烙印，为什么西方学者把自己的文化称为是"全球的"，而把非工业社会的文化视为"地方性"的呢？其中含有很强烈的欧美中心主义色彩，因此遭到不少学者的激烈批判。通观前述所有的10多个术语，都还存在另外一个问题，即它们反映了现代性与传统之间的二元论。然而，现实困境是，如需对现代科学技术进行彻底的反思，必须要采用一个相对的术语，否则就难以达到预期的目标。笔者采纳这样一个术语，只是为了分析研究的方便，而并不是要强制性地把知识分成两个对立的领域。强制性割裂两种知识的观点实际上是极端文化相对论的一种表现，

① Roy Ellen, and Holly Harris. Introduction. In Roy Ellen, Peter Parkes, Alan Bicker, eds. *Indigenous Environmental Knowledge and its Transformations*. Hardwood Academic Publishers, 2000, p3.

② Matthew Lauer, Shankar Aswani. Indigenous Ecological Knowledge as Situated Practices: Understanding Fishers' Knowledge in the Western Solomon Islands. *American Anthropologist*, 2009, 111 (3): 322.

③ Thomas N. Headland. Revisionism in Ecological Anthropology. *Current Anthropology*, 1997, 38 (4)；中文版参见付广华译：《生态人类学中的修正主义》，载《世界民族》2009 年第 2 期。

而极端文化相对论在如今的生态人类学界已经遭到了严重的批判。笔者清醒地知道，虽然两种知识体系都为一定的认知和技术特质所型塑，它们都属于人类社会知识传统的范畴。最初的人类社会并没有所谓的"科学"与"传统"之分，只是由于西方学术霸权的影响，来源于某些区域的人类智慧的结晶才慢慢地由"传统"上升到所谓的"科学"的地位罢了。①

　　伴随着传统知识概念的争论，学术界对传统生态知识所包含的内容，也产生了不少各具特色的阐述。加拿大人类学家刘易斯（Lewis）认为，传统生态知识始于分类系统的地方性知识，然后延伸到过程或功能性关系的理解。② 美国民族生物学家胡恩认为，传统生态知识不仅包括大量的有关动植物物种、土壤和天气、当地地形学的细节地图等地方环境的知识，而且还包括为其生活世界中事物的传统理解提供基础的价值和信仰，以及他们如何使用这些深受价值和信仰指引和驱使的知识。③ 挪威人类学家卡兰德（Kalland）吸收了英戈尔德（Tim Ingold）的"环境的解释"思想④，提出了"三层次说"：第一层次是"经验知识"，即动植物行为、动植物的采集和俘获以及收获品的利用目的；第二

---

　　① 参阅付广华：《外来生态知识的双重效用——来自广西龙胜县龙脊壮族的田野经验》，载《中南民族大学学报》（人文社会科学版）2010 年第 3 期，第 54 – 58 页。

　　② Fikret Berkes, *Sacred Ecology*: *Traditional Ecological Knowledge and Resource Management*. Taylor & Francis, 1999, p13.

　　③ Eugene Hunn. What is traditional ecological knowledge? In Nancy M. Williams, Graham Baines, eds. Traditional ecological knowledge: Wisdom for Sustainable Development. Centre for Resource and Environmental Studies, Australian National University, 1995, p14.

　　④ Tim Ingold. Culture and the perception of the environment. In E. Croll and D. Parkin eds. *Bush Base*, *Forest Farm*: *Culture*, *Environment and Development*. London: Routledge, 1992, pp. 39 – 56; Tim Ingold. The Perception of the Environment. London: Routledge, 2000.

层次是"范式知识"，即把经验观察置于一个更大场景下进行解释；第三层次是"制度知识"，即体现于社会制度中的知识。[1]在参考上述诸位学者研究框架的基础上，贝尔克斯提出：传统生态知识是一个"知识—实践—信仰复合体"，它可分为四个相互联系的方面：一是动物、植物、土壤和景观的地方性知识，以经验观察为基础，具有明显的生存价值。二是资源管理系统，包含适当的系列性实践、工具和技术，旨在利用地方性环境知识。三是适当的社会制度、使用规则以及社会关系密码，协调、合作和制定规则，保障社会控制。四是世界观，型塑环境的解释并赋予环境观察以意义，包括宗教、伦理和更一般意义上的信仰系统。[2]中国本土学者杨庭硕也认为传统生态知识可以分为四大层次：第一结构层次包括生态观、伦理观、价值取向等；第二结构层次包括知识的分类、储存架构、储存的过程、认知的过程和普及推广的规范性设置；第三结构层次是知识的积累、传承和普及；第四结构层次包括与自然和生态系统发生关联的实践性内容，如技术技能、相关的社会组织等。[3]不难看出，在杨氏的上述表述中，第一层次和第四层次是从传统生态知识本身包含的内容来谈的，而第二层次和第三层次则从传统生态知识的储存、传承和普及推广上去表述，似乎并非是传统生态知识本身所包含的内容，而是一种与之相关的外延性知识。笔者认为，人类社会的文化千差万别，但总是可以划归为物质文化（或技术文化）、制

① Arne Kalland. Indigenous knowledge： Prospects and Limitations. In Roy Ellen, Peter Parkes, Alan Bicker, eds. *Indigenous Environmental Knowledge and its Transformations*. Hardwood Academic Publishers, 2000, pp. 319 – 330.

② Fikret Berkes, *Sacred Ecology*： *Traditional Ecological Knowledge and Resource Management*. Taylor & Francis, 1999, pp. 13 – 14.

③ 杨庭硕、田红：《本土生态知识引论》，民族出版社，2010 年版，第 5—8页。

度文化（或社群文化）和精神文化（或表达文化）三大领域。与文化一样，传统生态知识也是人类后天习得的认识产物，也是在社会实践中形成和发展的，虽然它可以表现为物质的形式，但这种物质形式本身就包含了精神的创造。当然，知识要比某些文化特质更强调心理和精神的活动过程。以此认知去审视上述诸位学者有关传统生态知识构成的论述，我们认为，传统生态知识也天然地分布在人类文化的三大领域之内，因此也相应地表现为三个层次：第一层次是传统生态技术知识，大致相当于卡兰德的"经验知识"和贝尔克斯的第一层次，包括传统社群长期以来通过经验观察获得的土壤、天气和水资源的认识和利用，动植物物种的分类和利用以及传统生计方式方面的技术性知识；第二层次是传统生态制度知识，大致相当于卡兰德的"制度知识"和贝尔克斯的第二、第三层次，包含有资源管理利用的社会组织、规章制度以及道德伦理规范；第三个层次是传统生态表达知识，包含有世界观、生态观、自然崇拜和宗教信仰等。上述三个层次之间并不存在截然分明的界限，比如采集狩猎社会捕捉海豹的传统方法，它不仅是经验技术性的生态知识，同时也反映着他们对海豹这一物种管理利用方面的制度知识，甚至反映着对自然环境的深刻认知和理解。还必须指出的是，上述三个层次的划分只是为研究本身提供一个分析研究框架，而不是意在割裂作为"知识—信仰—实践复合体"的传统生态知识。

在研究者和发展工作者的努力下，传统生态知识的当代价值已经在一定范围内得到承认。作为适应区域生态环境和社会文化特点的知识体系，传统生态知识来自于生产经验、世代传承，并经过实践的长期检验。对于传统生态知识的独特价值，贝尔克斯曾总结为五点：一是传统生态知识可以为生物学和生态学提供新的洞察；二是一些传统生态知识与当代自然资源管理相关，可以为当地自然资源管理提供卓有成效的借鉴；三是传统生态知识可以帮助推进保护区建设和保护教育；四是运用传统生态知识可能会使发展机构在环境、自然资源和生产系统的评估上受益，最终改善发展的成功机会；五是依赖地方资源为生的人们经常能够评价发展的投入产出比，他们经过时间检验的、内在深刻的地方性知识对环境影响评估来说是最基本的。① 中国学者杨庭硕曾讲述过一个传统生态知识对石漠化治理发挥重要作用的民族志案例：贵州省金沙县平坝乡是一个苗族聚居的山乡，由于长期对土地资源的不合理运用，全乡 70% 的土地严重石漠化。20 世纪 80 年代，该乡乡民杨明生借贷 20 多万元更新残林建设家乡。让当地林业专家感到意外的是，杨明生的造林方法简直是闻所未闻的，其特异之处在于：一既不清理林地，也不挖翻土壤，而是在已有残林中相继移栽野生的草本和藤本植物，作为以后苗木定植的基础；二既不建苗圃，也不购买苗木，而是从周边已有树林中选择合适的幼树苗进行移栽；三是移栽时完全不清理定植点的原有植被，而是在灌草丛中直接开穴定植，树苗移栽后完全隐藏于灌草丛中；四是针对原先无灌木草类的石漠化地段，不惜工本移开碎石或填塞土壤，然后撒播草种或移栽灌木。待草类或灌木丛长大后，再定植合适的苗木；五是待幼树苗树冠超过灌草丛后，及时相继割去喜欢阳光的植物，留下耐阴的植物，或清理灌草丛的上半部，留下半米的残段，让它们继续发挥截留水土的作用；六是割下的灌草和落叶不焚烧，而是与泥土混合后，填入低洼的石坑中，作为日后定植新的苗木基础。② 虽然杨明生的这套办法遭到了林业专家的严重质疑，但如今却已经取得了巨大的成功，漫山

---

① Fikret Berkes. Traditional Ecological Knowledge in Perspective. In Julian. T. Inglis eds. *Traditional Ecological Knowledge*: *Concepts and Cases*. Canada: International Development Research Centre, 1993, pp. 5 - 6.

② 杨庭硕：《论地方性知识的生态价值》，《吉首大学学报》（社会科学版）2004 年第 3 期，第 23—29 页。

遍野的岩缝中已经长出了参天大树。

(二) 环境人类学的现代科学技术观

现代科学技术是一个笼统的称呼,有时又称为"西方科学"、"现代科学"、"现代全球科学",甚至简称为"科学技术"或"科学"。实际上它包括了基础科学、应用科学和技术三部分:基础科学针对应用科学而言,它是人们完全不受拘束之下,纯为真理、为知识去探讨;应用科学则是根据已有的知识、理论就具体问题作有目的的研究;技术则不单是基础知识原理等的运作而已,而且是在具体应用上或应用规模上作更进一步的发展。① 在现代科学技术内部,有一个不可分割的重要领域的分支学科,称为"科学生态学"。如果从与"传统生态知识"相对的角度来说,它又被称为"科学生态知识"。与现代科学技术一样,科学生态知识同样受到西方现代性理念的支配,拒绝承认传统社群的生态知识。不同的学科对现代科学技术有不同的认识,如果从环境人类学的视角来看,会形成以下几种认识:

1. 作为生发于西方社会中的一种文化认知,现代科学技术是吸收各种类型的传统知识才逐渐成长起来的"民族科学"。

按认知人类学的看法,现代科学技术本身也是一种民族科学(ethno-science),它只是西方社会近几个世纪才发展起来的一种文化认知。作为一种对自然环境和社会现实的文化认知,现代科学技术是人类社会生产实践发展的产物。人类因变革自然的需要而认知自然,在变革自然的实践活动中认知自然,取得关于自然界运动规律的知识和观念;与此同时,现代科学技术又是社会生产实践活动的组成部分,人类将在变革自然的实践活动中取得的知识转变为指导变革自然的实践活动的观念和方法,从而将自

---

① 参见李亦园:《人类的视野》,上海文艺出版社,1996年版,第182—183页。

身的心智投射到物质的自然界中去，使之变成非自然的存在、人的存在、文化的存在。① 这样的活动既是社会规律的产物，也是特定情况下民族与文化的产物，因此它必须接受整个民族社会文化的约束，并且按照该民族社会文化的整体要求从事相对应的社会实践活动。对现代科学技术而言，它基于西方社会根深蒂固的价值观——理性、效率和解决问题的具体概念。但该价值观本身却存在着严重的问题：以理性而言，它现在已被简约为更狭窄的和充满偏见的科学理性，虽然它与一些人认为的人类心智应该如何思考有着密切关系，但却与事实上的人类心智如何思考关系寥寥。其实，科学理性还有一个逻辑，即它宣称独立于个人因素或秉性，意在形成不以人的意志为转移的规则。但它的证实者却是人，而且经常是那些对科学权力有着归属兴趣的人，他们还需依赖它为生。② 那些所谓充满科学理性的科学家借此获得了很高的社会声誉，后来反而借此去追求政治权力。由此可见，所谓的理性只是西方社会中某些认知中的"科学理性"，而不是真正无偏无倚、充满客观性和中立性的"理性"。其实，作为西方现代文化的重要组成部分，现代科学技术也是逐渐吸收各种类型的传统知识才逐渐成长起来的，是西方社会所探讨出的自身与自然界关系的一种方式。在中世纪和现代欧洲早期，动植物方面的原科学（proto - science）知识逐渐通过分类、分析、比较和传播而取代原有的民间知识传统，然而，这一过程十分缓慢，并且原科学有时还大量吸收民间的知识，甚至整合了来自异域的知识元素。比如如今俗话所说的西医，其实是欧洲民间起源的，并且于16世

---

① 洪涛：《作为一种文化现象的科学技术》，载《武汉交通科技大学学报》（哲学社会科学版）1997年第1期，第53—56页。

② Claude Alvales, Science. In Wolfgang Sachs, eds. *The Development Dictionary*: *A Guide to Knowledge as Power*. London: Zed Books Ltd, 1992, pp. 227 - 228.

纪时吸收了亚洲和美洲起源的药品。即使在科学话语和实践已经显明之后，其时对民间传统的歧视已经出现，但它仍然不断利用民间的实际经验。达尔文正是在广泛吸取养鸽人知识的基础上才制定出自然选择理论的细节的；林奈创始的生物学分类系统也是基于欧洲民间模板的基础上发展而来的。更广泛地说，整个现代自然史的兴起都是经由这些本土专长和实地研究的结合才实现的，并且这些实地研究更多的是把地方专家已有的知识转化一下而已。对此，英国人类学家埃伦和哈里斯评述道："自然世界的科学知识是由业已存在的地方性民间知识构成的，虽然现在这种吸收过程看起来已经密闭了，但我们不能忘却这一事实。"① 如此看来，现代科学技术并非是天生神奇的，只不过是西方社会认知人与自然关系的一种特殊方式，是在吸收西方已有民间传统的基础上才逐渐形成的一种民族科学，后来才逐步被神化，成长为当今人类社会中唯一的"理性"、"客观"、"中立"、"高效率"的科学知识系统。

2. 现代科学技术在西方殖民扩张和现代化诱惑的大背景下逐渐升格成为"现代全球科学"的，并以其文化霸权压制其他的民族科学。

在西欧国家，现代科学技术的兴起跟其与神学的对抗有着密切的关系。中世纪欧洲是宗教盛行的时代，天主教和基督教信仰是社会各阶层共同的精神依托。在早期殖民扩张的过程中，大量的牧师、博物学者可以到殖民地去进行科学考察，对生物界有了更为清晰的认识。19世纪后期，达尔文人类进化理论确立以后，现代科学技术基本上战胜了神学，成功地将人类从迷信和各种神

---

① Roy Ellen, and Holly Harris. Introduction. In Roy Ellen, Peter Parkes, Alan Bicker, eds. *Indigenous Environmental Knowledge and its Transformations*. Hardwood Academic Publishers, 2000, pp. 6 - 7.

秘力量的压迫中逐步解放出来。然而，科学虽然逐步揭开了宇宙和人类奥秘，逐渐征服和全面统治自然及人类，但却使科技自身日渐富有神性、日益具备上帝创世功能的过程。① 在科学的地位确立后，西方世界对科学产生了前所未有的膜拜，他们认为科学是推动工业革命的动力，也是实现国家发展的有力武器。不过，在 20 世纪初期之前，现代科学技术仍然是西方国家所拥有的专利。随着西方国家的崛起和对外的扩张，亚洲、非洲的一些知识分子逐渐认识到了现代科学技术的重要功能，他们通过到西方国家去留学，学习、传播来自西方世界的科学技术知识，试图挽救国家于危难之中。随着第二次世界大战的结束，世界殖民体系逐渐解体，然而西方科学技术优越的意识并没有随之解体。英、美等资本主义国家为了与苏联冷战的需要，向第三世界国家抛出了援助之手，其中最为重要的是要通过移植现代科学技术和资本主义民主理念，意图通过所谓的援助发展使这些新兴国家和地区走向现代化道路，从而唯西方国家马首是瞻。在这种状态下，西方现代科学技术的神奇力量不仅没有受到削弱，反而随着一些新科学技术的突破而得到一定的加强，现代科学技术逐渐升格为"现代全球科学"，科学知识成为超越人类历史上所有知识的超卓力量，人们再不能自由地把科学知识类同于其他系统的知识，不再有人像反对宗教或艺术一样反对科学的陈述。如果个人拒绝接受基本的科学世界观，那么他就不仅会被贴上无知的标签，甚至会被认为是蒙昧主义、越轨或不合理。普通人的认识权利被剥夺，他们只能接受来自科学家们的观念。知识成为一种权力，但权力同时也是知识。权力不仅决定了什么是知识，而且还决定了什么不是知识。因此，现代科学技术逐渐形成了一种强大的文化霸

---

① 吴文新：《科学技术应该成为上帝吗？——对一种纯粹科技理性的人学反思》，载《自然辩证法研究》2000 年第 11 期，第 8—12 页。

权，大力压制那些与之相比并没有竞争性的，但却是不同的与人、自然和宇宙打交道的方式。① 在现代科学强大的文化霸权下，科学与技术基本上都成了西方的专利，其他地方的土著民众是没有什么科学技术的，有的只是与自然打交道的"原始的"、"落后的"、"有待进化的"生产生活方式。因此，各个本土社会的民族科学遭受到来自西方科学的严重挤压，生存艰难，直至被现代科学技术所同化。有的民族不仅完全丧失了自身原有的民族科学，甚至整个民族都不复存在了。

3. 现代科学技术具有很强的普适性，但其适用范围却具有一定的相对性，如果盲目扩大应用到具体的、历史的区域，可能会发生灾难性的后果。

在当代社会，科学技术作为第一生产力，是创造器物文化的知识基础和物质力量，在生产生活中的巨大效用不容置疑。现今的人类并非直接生活在自然界之中，而是生活在文化器物的层层包裹之内，包裹人类的文化器物的资料与自然存在物并无本质区分，只是被人类用科学的知识、科学的方法、科学的工艺重新组织起来，才成为文化的物质和人类生存和发展特有的物质条件，宇宙中人类活动的独特印记，人类也因此越来越依赖于文化的器物来进行自己的生产和生活活动。生产活动的技术构成决定人们在生产活动中的组织方式，科学技术是推动生产方式变革的最强大动力。② 作为社会生产实践的直接产物，现代科学技术最贴近文化发生的根源，同时也是推动文化系统演化最活跃的因素，因而在一定范围内具有很强的普适性，可以在许多地区的多种领域

① Claude Alvales, Science. In Wolfgang Sachs eds. *The Development Dictionary*: *A Guide to Knowledge as Power*. London: Zed Books Ltd, 1992, pp. 228 –230.

② 洪涛：《作为一种文化现象的科学技术》，载《武汉交通科技大学学报》（哲学社会科学版）1997 年第 1 期，第 53—56 页。

发挥积极效用。然而由于现代科学技术所凭借的基本上是繁杂多样的科技器物和愈来愈便利的技术，而这种技术上的便利性是否合乎其时其地的社会和文化现实则另当别论。也就是说，现代科学技术在具备很强普适性的同时，其适用范围又具有一定的相对性。首先，从现代科学技术的起源上说，它只是生发于西方社会，是适应那个社会实践需要而产生的。而这样的需要在其他的社会可能是不存在的。其次，现代科学技术在其总结、创造的过程中，为了广泛适用的需要，大大地降低了其地域性特点的考虑，是一种极为抽象和综合的理论知识体系。再次，现代科学技术的利用成本很高，极大地榨取了利用者的财富，给某些区域社会中的人们增加了新的负担。在实践中，一些项目实施者未能充分考虑到现代科学技术的相对性，十分冒失地在某些地区推行经过西方实验验证过的科学技术，结果导致了难以弥补的经济损失和生态灾难。中国学者杨庭硕曾谈到一个经典的案例：湖南省永顺县当地的土家族传统上将松散泥石层用作烧畲地或牧场，不允许大规模造林，并且绝对禁止在其上方建立村庄，以免加大泥石层的自重，诱发大规模的山体大滑坡。然而随着人口的增长和外来农业技术的传入，泥石层上方的牧场和畲地都陆续改成了固定农田，村民们为了方便就地耕种，开始在那里建筑临时住所。后来到退耕还林时，耕地全部放弃，人工种植树苗。几年后，整个泥石层顶部发育成了茂密的森林。乔木强大的根系把泥石层顶部3—5 米深的松散泥石连成一个整体，随着乔木的生长，顶部整体自重与日俱增，泥石层头重脚轻的局面就此形成。一遇到较大规模的暴风雨天气，山体滑坡事件就再也难以避免。[①] 从这一典型案例可以看出，现代科学技术虽然普适性很强，然而由于它是

---

① 杨庭硕：《论地方性知识的生态价值》，载《吉首大学学报》（社会科学版）2004 年第 3 期，第 25—26 页。

一整套仍在迅速变动中的知识，它追求的是普遍性，而不是地方性的理解。对于一个少数民族社区来说，它始终是来自外部的知识传统，因此在生态决策和推动发展的过程中，首先要考虑到这些科学技术元素是否适合于具体的、历史的区域社会的实际状况，如果不加考虑地盲目乱用，则难免出现类似杨庭硕所谈及的生态性灾难。

（三）两种知识的融合是否可能

不可否认的是，传统生态知识与现代科学技术之间的关系是十分复杂的，既难以否认两者具有许多的差异，但又不得不承认两者之间的相似性也是十分明显的。当代著名人类学家列维－斯特劳斯在谈及"原始思维"时提出："即使它所关心的事实与近代科学所关心的事实很少处于同一水平，它仍然包含着与后者相类似的智力运用和观察方法。在这两种情况下，宇宙既是满足需要的手段，至少同样也是供思索的对象。"[1] 无独有偶，美国哲学家布劳恩诺斯基（Bronowski）也曾论述道："对我来说，人类最有意思的事情是，它是一种具备艺术和科学实践的动物，在任何已知的社会，两种实践同时具备。"[2] 由此可见，科学实践是所有人类社会的基本特征，现代科学技术和传统生态知识都是在同一个失序基础上创造秩序的智力过程。

由于西方自然科学家长期以来倾向于否定传统生态知识的实践效用，因此不少民族生态学家与之进行了针锋相对的斗争。刘易斯在研究印第安人火生态学时发现，"难以让那些来自'先进'文化的人们接受来自'原始'文化的人们可能知晓某些科

---

① ［法］列维－斯特劳斯著，李幼蒸译：《野性的思维》，商务印书馆，1987 年版，第 5 页。

② Fikret Berkes. Traditional Ecological Knowledge in Perspective. In Julian. T. Inglis eds. *Traditional Ecological Knowledge*：*Concepts and Cases*. Canada：International Development Research Centre, 1993, p3.

学上重要的事情，或者甚至在自然学的某个领域（如火生态学的案例），要比科学家知晓得更多”。[①] 这些真知灼见在胡恩那里得到了回应，他批判了西方科学界中流行的有关传统的错误看法，甚至言辞激烈地讽刺某些人类学家竟然相信传统文化是非科学的。[②] 大约与此同时，哲学家 Feyerabend 批判了许多科学家对那些原生于制度化西方科学之外的知识和洞察不容异说的现象，他的精辟分析为一些科学家对传统生态知识的轻蔑态度提供了一种解释。许多科学家可能会倾向于另外一种解释：科学家的职责就是保持怀疑，尤其是在遭遇传统知识这样的领域时，是其自身不易得到科学的证实。[③] 在经过深入研讨的基础上，贝尔克斯形成了九点传统生态知识与科学生态知识的差异：定性的与定量的相反；直觉的与纯粹的理性相反；全貌的与简约主义相反；心物一体与心物分离相反；伦理的与貌似的价值中立相反；精神的与机械论的相反；基于经验观察和实验—错误检验的事实集合与实验的、系统的和审慎的事实集合相反；基于资源使用者自身的资料与研究者的专门化相反；基于横向资料（长期的、系列的地方性的信息收集）与横向资料（大区域的短期观察）相反。当然，贝尔克斯也指出了些许例外，但他认为上述九点差异基本上还是

① Henry T. Lewis. Ecological and Technological Knowledge of Fire：Aborigines versus Park Rangers in Northern Australia. *American Anthropologist*, 1989, 91 (4)：957.

② Eugene Hunn. What is traditional ecological knowledge? In Nancy M. Williams, Graham Baines, eds. *Traditional Ecological Knowledge*：*Wisdom for Sustainable Development*. Centre for Resource and Environmental Studies, Australian National University, 1995, p13.

③ Fikret Berkes. *Sacred Ecology*：*Traditional Ecological Knowledge and Resource Management*. Taylor & Francis, 1999, p12.

存在的，甚至发现了两者之间是否控制自然等方面的差异。①

面对人类学界蓬勃兴起的传统生态知识研究，人类学家阿格拉瓦尔（Arun Agrawal）经过细致的考察，认为两种知识体系之间存在实质性、方法论和场景性差异是非常主观臆断的，因为就连科学哲学自身也难以发现科学与非科学之间的合适的真实标准，所以民族生态学者要想发现两种知识之间的清晰界线，基本上是不可能的。其实，就是想指出一些传统知识和西方科学技术彼此尚未触及的领域，都是相当困难的。② 同阿格拉瓦尔一样，科戴尔（Cordell）提出两种科学之间的哲学差异并不好界定，相反，正是由于简约主义的分析才导致了夸大这种差异的倾向，所谓传统生态知识，只是对西方科学中统治性的简约主义范式的挑战罢了。③ 环境人类学家把两者之间的冲突解释为西方专家和本土专家之间的权力冲突关系，认为它们有着不同的政治议程，并且与研究中的资源有着不同方式的联系。既然在现代科学技术和传统生态知识的界定上不仅存在着文化偏见，而且竟然还潜在隐藏着如何界定的权力、话语体系，那么这种区分本身可能会隐含着一种不平等、不合理的权力关系。

经过学术界多年的提倡和批判，不少学者逐渐提倡融合两种知识体系的长处，共同实现生态环境问题的解决。美国民族生物

---

① Fikret Berkes. Traditional Ecological Knowledge in Perspective. In Julian. T. Inglis eds. *Traditional Ecological Knowledge：Concepts and Cases.* Canada：International Development Research Centre，1993，p4.

② Arun Agrawal. Indigenous and scientific knowledge：Some critical comments. Indigenous Knowledge and Development Monitor，1995，3（3）：3－6；Arun Agrawal. Dismantling the divide between indigenous and scientific knowledge. Development and Change，1995，46（3）：413－439.

③ John Cordell. Review of *Traditional Ecological Knowledge：Wisdom for Sustainable Development*（ed. Nancy M. Williams，Graham Baines）. *Journal of Political Ecology*，1995，2（1）：43－46.

学家胡恩提出："传统生态知识和现代科学有一个共同的基础，它允许实现有关地方性生态系统和人类在其中地位的信息和洞察互动交流。在这一基础之上，我们可能会更好地理解如何保护和管理自然资源，为将来所用。传统生态知识和现代科学的共同基础是所有文化的人们确认和命名生物物种的强烈趋向。世界诸多传统文化的研究表明，每个传统文化和现代科学生物学所确认的动植物基本种类近乎一致。"① 胡恩的上述论述逐渐得到了生态学界学者的响应，如植物生态学家基梅尔（Kimmerer）认为，传统生态知识和科学生态知识有着共同的起源，即对自然的系统观察。经由对自然的系统观察，两种知识体系都获得了细致的生态系统元素之间的自然现象和关系的经验信息。而且，科学生态知识和传统生态知识都具有预测的能力，并且都在具体的文化场景中解释其观察。② 此外，贝尔克斯（Fikret Berkes）、埃伦（Roy Ellen）以及斯里透（Paul Silitoe）等人也都是融合论者。然而，要想实现现代科学技术与传统生态知识的融合，并不是那么容易的事。且不说两种知识体系之间存在的权力与话语关系，就是从技术操作上讲，也还存在着很大的困难。在胡恩看来，两者的调和必须要有几个先决性的条件：一是语言学的要求：研究者首先要掌握当地语言，最不济也要寻求地方语言专家的帮助；二是生物学的要求：研究者必须能科学地辨别当地物种，并且要同现代科学分类方法联系起来；三是民族志的要求：对多维地理解和记

---

① Eugene Hunn. The ethnobiological foundation for traditional ecological knowledge. In Nancy M. Williams, Graham Baines, eds. *Traditional Ecological Knowledge: Wisdom for Sustainable Development*. Centre for Resource and Environmental Studies, Australian National University, 1995, p16.

② Robin Wall Kimmerer. Weaving traditional ecological knowledge into biological education: a call to action. *BioScience*, 2002, 52 (5): 433.

录地方群体的知识来说，民族志技巧是不可或缺的。[①] 事实情况是，生物学者很少懂得语言学和民族志技巧；而语言学者和人类学者的生物学知识又通常较为不足，因此要想有效地实现两种知识体系的调和，必须由来自语言学、生物学、人类学等学科的学者组成跨学科研究团队，才可能实现上述目标。

值得庆幸的是，国际社会和某些国家已经认识到传统生态知识的独特价值，提倡给予传统生态知识以平等的地位。早在1987年，世界环境与发展委员会就曾陈述道："对部落和本土民众要特别予以注意……他们的传统生活方式能够给现代社会在复杂的森林、山地和干旱地生态系统的资源管理上提供许多教训。""这些社区是使人类同其古老起源保持联系的传统知识和经验的巨大宝库。它们的消亡对更大型社会是一种损失，因为更大型社会可以从它们那里学到大量对复杂多样的生态系统进行持续性管理的传统技能。"[②] 为此，国际社会建立了许多研究、应用传统生态知识的非政府组织[③]，极大地推动了传统生态知识利用价值的宣传与普及。在这种背景下，加拿大西北地区政府确认传统生态知识是有效的知识之源，并且准备在适当时候吸收进地区政府的行政决策中。[④] 然而，现代科学吸收传统生态知识当前还存在着一定的困难。美国生态学家亨廷顿（Henry P. Huntington）研

① Eugene Hunn. The ethnobiological foundation for traditional ecological knowledge. In Nancy M. Williams, Graham Baines, eds. *Traditional Ecological Knowledge*: *Wisdom for Sustainable Development*. pp. 17 – 19.

② 世界环境与发展委员会著，王之佳、柯金良等译：《我们共同的未来》，吉林人民出版社，1997年版，第14、第143页；同时根据英文原文进行了必要的校正。

③ Fikret Berkes. *Sacred Ecology*: *Traditional Ecological Knowledge and Resource Management*. Taylor & Francis, 1999, pp. 18 – 19.

④ Leonard J. S. Tsuji and Elise Ho. Traditional environmental knowledge and Western Science: in search of common ground. The Canadian Journal of Native Studies, 2002, 22 (2): 327 – 360.

究认为，虽然北极露脊鲸、白鲸以及鲱鱼的研究案例都证实了传统生态知识在科学和管理背景下的益处，但由于西方科学固有的惯性和接受上的困难，传统生态知识在现代科学技术中的吸收、利用还有很长的路要走。[1]

笔者认为，没必要执著于争论两种知识体系的长短，关键还在于是否能解决现实的环境问题，是否对生态建设具有促进作用。虽然两种知识体系都为一定的认知和技术特质所型塑，但是它们毕竟都属于知识传统的范畴，而且"科学"本身上是西方学术霸权话语的一种体现。事实上，最初的人类社会并没有所谓的"传统知识"与"科学"之分，只是其中那些人类智慧的结晶慢慢地由"传统知识"上升到所谓的"科学"的地位罢了。如此看来，"传统知识"与"科学"的区分在最初意义上是不存在的，本来就只有一个人类社会的知识传统。[2]

二、传统生态知识与生态重建

壮族民众迁居龙脊古壮寨三四百年，不仅仍然世世代代传承着稻作文化，而且还在此基础上形成了独具特色的梯田文化，丰富了壮侗语民族稻作文化的内涵。在开发和利用龙脊古壮寨周边山地的过程中，龙脊古壮寨民众丰富和发展了自身独具特色的传统生态知识体系。这些传统生态知识历史上曾支持和维系着当地的永续发展，对20世纪80年代末期以来的区域性生态重建也有着突出的现实效用。

---

① Henry P. Huntington. Using traditional ecological knowledge in science: Methods and applications. Ecological Applications, 2000, 10 (5): 1270 - 1274.

② 参见付广华：《外来生态知识的双重效用：来自广西龙胜县龙脊壮族的田野经验》，载《中南民族大学学报》（人文社会科学版）2010年第2期。

　　（一）传统生态表达知识：生态重建的思想基础

　　传统生态表达知识包括协调人与自然关系的宗教信仰体系以及体现在所有文化事象中的生态观与世界观，基本上都属于精神意识层面的内容。对龙脊古壮寨民众而言，调节他们与周围生态环境之间关系的主要是自然崇拜、图腾崇拜和禁忌，在此我们主要以水崇拜、土地崇拜、树崇拜和蛙崇拜为例来具体论述。

　　在水崇拜方面，壮族民众素来对林、水、田的关系有相当准确的科学认知。龙脊壮族的先人曾在相邻的牛路隘一带种树植林，以"荫培水源，灌溉良田"，并呈请地方官员予以封禁，防止山林受损。[①] 为了保护山林，龙脊壮族乡民历史上曾一度封禁山林，他们认为："盖闻天生之，地成之，遵节爱养之，则存乎人，此山林团会之所由作也。我等居期境内，膏田沃壤焉。我可以疗饥，翠竹成林，惜我由堪备用，否则春生夏长，造化弗竭其藏，朝盗夕偷，人情争于菲薄。"[②] 由于壮族及其先民生活在水乡之中，在壮族民众看来，自然界的变幻莫测都是神灵作用的结果，因此他们认为每一条河流、每一处山泉、每一片池塘都有水神栖息其中。[③] 龙脊壮族群众认为饮用之井水、泉水皆为水神所赐，否则人被渴死，庄稼无收。故而每到农历除夕、大年初一清晨，都要用香穿几张纸钱插于井旁泉边，向井神致谢，乞求常年涓流不息。八字缺水的人还拜寄水神为"寄爷"，大年小节都去祭祀，将祭祀之米饭或米耙拿回来给拜寄人吃。[④] 为了保证梯田用水，龙脊古壮寨民众自古以来形成了不少相关禁忌：如传统上

　　① 廖忠群主编：《龙脊古壮寨史记》，2010年印，第62页。

　　② 广西壮族自治区编辑组：《广西少数民族地区碑文、契约资料集》，广西民族出版社，1987年版，第207页。

　　③ 覃彩銮：《壮族自然崇拜简论》，载《广西民族研究》1990年第4期。

　　④ 吕大吉、何耀华主编：《中国各民族原始宗教资料集成：土家族卷、瑶族卷、壮族卷、黎族卷》，中国社会科学出版社，1998年版，第510页。

每个月逢戊午、戊戌、戊申三天不准下田（包括人、牛、鸭等），理由是如果下田的话，那年田中的泉水就不来，田会受旱。

图4-1　廖家寨的龙泉亭

　　在土地崇拜方面，龙脊古壮寨民众非常崇拜土地神。每年的农历六月初六，每家以鸡鸭祭神庙祈求保护，有旱田的还要到田边去祭拜，使谷物得以赖"神威"之助而有收成。[①] 由于刚在初二进行过大的祭祀活动，所以龙脊的这种祭祀活动显得没有附近的瑶族隆重。不过，这一仪式却有其唯物主义的合理性所在：土地是稻谷得以生长的基础，而龙脊梯田的灌溉依靠泉水，而到此时雨季将过，旱田的水源供给逐渐紧张，民众们期望土地公能够保佑稻谷顺利生长而终有所获，因此他们甚至不惜劳苦奔波到旱田的田边去祭拜。在长期的历史发展进程中，龙脊古壮寨还形成了一些与土地崇拜有关的禁忌：在一年十二个月中，每个月都有

---

　　① 樊登等：《龙胜各族自治县龙脊乡壮族社会历史调查》，载广西壮族自治区编辑组：《广西壮族社会历史调查》（第一册），广西民族出版社，1984年版，第133页。

一个"破日"，不许下田，否则田塍坍塌；在一年四季中三月、六月、九月、十二月逢"土王日"不准挖田动土，也不许担大粪、做工，否则可能会导致人畜不安。[①] 土地崇拜表示龙脊古壮寨民众尊崇土地，尊崇自然，以便实现他们与自然的和谐共生共荣。

在树崇拜方面，主要是以大树为祭祀对象，以祈求保佑人畜禾苗安全为目的的信仰和祭祀活动。在壮族地区，无论是平峒中的村落，还是山坡上的村落，都在聚落背后或山上种植风水林（或称水源林）。涵养水源的风水林，被视为神灵（树神）寄居

图4-2　平段寨旁的古樟树

　　① 樊登等：《龙胜各族自治县龙脊乡壮族社会历史调查》，载广西壮族自治区编辑组：《广西壮族社会历史调查》（第一册），广西民族出版社，1984年版，第133页。

之地，不得擅自闯入，更不得随意砍伐。在各个村寨中，多有一至数株枝繁叶茂的大树，壮族人奉之为神树，是一个村落兴旺的象征，人人自觉爱护，禁止砍伐破坏。[①] 龙脊古壮寨过去寨内大树众多，系民众崇拜的对象：在今廖家风雨桥旁边，曾经生长着一株榕树，据说是多个神灵寄居之所，因此烧香祭祀者颇众。即使时至今日，平段寨仍生长着两棵树龄达两三百年的樟树和红豆杉，逢年过节时还常有老太太到那里去祭拜。更为有意思的是，有时还把崇拜的对象扩展到大树集中的山林。在壮语中，森林又称为"竜"（又简写为"龙"）。龙脊古壮寨民众认为，每座山都有龙神，有的还有多个龙神。因此，无论是建房子，还是造墓，都不能随意动土。首先要看好吉时和风水，确保龙首在下、龙尾在上，然后才可以动工。总的来看，壮族民众传统的树崇拜和龙神信仰是跟他们的生产生活密切相关的。"有林才有水，有水才有粮"，这早已成了壮族民众历来传承的古训。正是因为有了森林的存在，才保障了壮族地区丰富的水资源供应，也才保证了稻作农业生计方式的延续和发展。壮族传统的树崇拜和龙神信仰是壮族稻作农业生产得以持续和发展的思想保证，它体现的是壮族传统世界观中"天人合一"的生态文化理念。

在蛙崇拜方面，从远古时期开始，某些小部落的壮族先民就十分盛行蛙图腾崇拜，后来才随着稻作农业的发展和该氏族部落的拓展升格为民族保护神，这从遗存至今的规模庞大的花山崖壁画和数量众多的铜鼓蛙立雕中可以得到验证。在壮族神话中，蛙是雷公与蛟龙私通所生的怪胎，本与其父住在天上，后被派到人间做天使。在壮人观念中，山顶为通天之柱，江河为蛟龙居所，故左江崖壁画上的青蛙形象多在江边山崖上，它在此上可通其

① 覃彩銮：《试论壮族文化的自然生态环境》，载《学术论坛》1999年第6期，第119页。

图 4 – 3　雕刻有青蛙和螃蟹的太平清缸

父，下可通其母，可让双亲调整得风调雨顺，水不泛滥成灾，让壮人人寿年丰。[①]龙脊古壮寨民众也有蛙崇拜的习俗，突出地表现在太平清缸的构筑上。太平清缸建于清同治壬申年（1872），长 1.8 米，宽 1 米，高 1.4 米，容积约为 4 立方米。由五块石板围砌而成，四角有四方的石柱，前两个柱头饰有石青蛙，后两个柱头饰有石螃蟹。青蛙作为水的象征，在此成为难得的石雕艺术品。龙脊古壮寨民众的蛙崇拜也许跟他们的始迁地南丹有一定关系。在东兰、南丹、天峨一带，每逢久旱、禾苗干枯，当地壮族便以一村或数村为单位，集资置办祭品，男女老少同至蛙婆葬场上祭拜蛙婆降雨。请魔公或村老来唱诵蛙婆之恩德，诉说干旱之苦情，祈求蛙婆向天上雷神报信，赐降甘霖。传说祭蛙婆后两三

---

① 梁庭望：《花山崖壁画——祭祀蛙神圣地》，载《中南民族学院学报》1986年第 2 期；《壮族文化概论》，广西教育出版社，2000 年版，第 454 页。

天内，一般都要下雨，有时在就餐中，云雨即降落山头。①

著名壮学家覃彩銮认为，壮族传统上奉行大地万物各有其道、相生相亲和相互依存的生态观，它以原始宇宙观为基础，以自然崇拜、图腾崇拜为内涵和以禁忌及习惯法为约束机制，并且与其民族的耕作方式相适应，其主旨在于追求人与自然的和谐。② 虽然说龙脊古壮寨民众的传统生态认知在新中国成立后的历次政治运动中受到很大的冲击，但他们敬畏自然、保护自然的传统并没有丢，他们深刻地认识到山、林、水、田的内在联系，始终对自然怀有敬畏之心，这成为龙脊古壮寨民众乐意参与生态重建进程的精神动力，也是生态重建之所以能够取得较大成功的思想基础。

（二）传统生态技术知识：生态重建的技术基础

在漫长的历史发展进程中，壮族及其先民经历了采集狩猎、刀耕火种、精耕农业等多个不同的发展阶段。时至今日，居住在农村地区的壮族民众仍然保持着以传统稻作农业为主、旱作农业技术为辅的农业生计方式。与此同时，处于不同自然地理环境的壮族民众还拥有采集、狩猎、畜牧等传统生计技术，它们与壮族民众的稻作农业技术一起构成了壮民族传统的复合型生计技术。从参与区域生态重建的视角来看，相关的传统生态技术知识主要体现在以下诸方面：

1. 传统植树造林技术

壮族地区自古以来盛行干栏建筑，其房屋传统上多系用杉树树干组合而成，建一栋房屋少则用两三百棵杉树，多则用五六百

① 潘其旭、覃乃昌主编：《壮族百科辞典》，广西人民出版社，1993 年版，第357 页。

② 覃彩銮：《试论壮族文化的自然生态环境》，载《学术论坛》1999 年第 6 期，第 119 页。

棵。因此壮族民众十分注意对森林资源的管理，栽种树苗以后，还会经常去照看。同时，他们注意树木的合理密植，注意用间隔砍伐的方式来维持森林的更新换代。森林的另外一个功能就是为壮族民众提供柴薪。柴薪是每家每户必须使用的燃料，没有燃料，就没有熟食，人们的生存就难以为继。有些地方的壮族民众营造专门的薪炭林，以供人们日常生活用火薪柴；即使没有营造专门的薪炭林，他们对柴薪和木材的区分有着自己的本土标准，主要是把已经枯萎的树木砍倒，把特别稠密的、无法生长的小树砍下，或者把已砍大树的树皮收集起来，这些都成了壮族村民柴薪的重要来源。广西龙胜县壮族民众垦山带有长远的眼光，他们头两年开生地种旱粮作物，并间播桐籽（三年桐）、茶籽。旱地作物退收后，茶树成林，进入初收期。故有"两年粮、三年桐、七年茶林满山红"之说。① 当然，与现代营林技术相比，传统植树造林技术已经退居次要地位。但龙脊古壮寨民众能够凭借他们对当地气候、土壤以及降水方面的认知，选择适应性较强、成活率较高的乡土树种，是森林覆盖率提高和生态重建成功过程中不可忽视的因素。

2. 水资源管理技术

龙脊古壮寨的生态重建是一个系统工程，农业的重建也是十分重要的，其中特别是水资源管理技术起到了突出的作用。我们知道，由于龙脊山岭众多，岭上泉水经常终年不息，有的顺着自然的峡谷奔流而下，有的被民众引导到水田之中。然而由于龙脊山地崎岖不平，很少有平地，两个山岭之间的山麓中甚至也没有较大的平坦的低洼地方，所以这里并没有发展出大型的水利灌溉工程，而是结合山地特点发展了独特的灌溉系统。他们在山腰适

---

① 龙胜县志编纂委员会：《龙胜县志》，汉语大词典出版社，1992年版，第103页。

当地方开凿渠身很狭窄的灌溉沟，在无法挖沟的地方则使用水槽将两段灌溉沟或田地连接起来，水槽取材于当地生产的木材或者毛竹。其制作方法是将木材或者毛竹直剖为半，使之中空，然后首位重叠相连，从远处引水，流至田中，用以灌溉。笔者几次到龙脊进行田野考察时还多次见到这种水利设施。虽然灌溉设备简单，但龙脊壮族民众很久以米却有一整套较为完整的水资源管理方法：如一个灌溉渠流经的地方有很多的田地须水灌溉，首先要满足需开辟的田地用水，或在一条主渠流经的地方有许多支渠，则应满足先开凿的支渠所灌溉的田地用水，否则尽管后开辟的田地或支渠是在较接近主渠的水源地方，也不能导水灌溉。这种办法在天旱缺水时很好地保证了灌溉的先后次序，不至于为灌溉而发生不必要的争执。另外一种办法是：如果一条主渠或支渠有许多处地方使用它的话，便在分水地方安下一块平整的木块或石块，上面凿一个有两个或三个缺口作"凹"等形状的"水平"。缺口的多少和大小是按需灌溉田地的多少而定，因有这样一个较好的分水方法，所以很少发生为田水而争执的事件。但由于没有专人管理，很容易发生崩塌或雍塞，因此每年农历四、六月各需修理水渠水槽一次，修理前只需有人发起，共同使用一条水渠的每家都派一人或二人参加工作，每户出工人数视田地多少而定，如某户人家因家中忙于其他工作，不能按应出工数出工，也没有人责怪，如因偷懒完全不出工，则会受到众人的责怪。如果在大雨后渠道或水槽被树叶或石头阻塞的话，便由急需田水的人自己去清理。[①] 通过这一系列有效的水资源利用办法，龙脊壮族民众建构了良性循环的水系。河谷地区梯田和河流内的水在高温下蒸

---

① 樊登等：《龙胜各族自治县龙脊乡壮族社会历史调查》，载广西壮族自治区编辑组：《广西壮族社会历史调查》（第一册），广西民族出版社，1984年版，第71页。

发，水蒸气上升到半山腰后受高山寒流的压迫，积成云雾，高山的森林吸纳云雾，又吐放、渗漏出潺潺山泉、溪水，这些溪水被龙脊壮族民众利用水沟引入村庄，解决了村民的日常用水。同时，龙脊壮族民众利用水渠、河沟等创造出良性循环的水系系统。即使在发生干旱灾害时，当地人的用水仍然执行上述管理办法，因此在当地较少发生用水冲突，从而有效地保证了梯田稻作农业的安全有效进行。① 由于梯田生产的收获得到了保证，也就随之保障了龙脊古壮寨民众的日常用粮，因此也就没有太大的必要去开荒种植旱地粮食作物。

图 4-4　龙脊村民用来分水的"水平"

当然，参与生态重建的传统生态技术知识并不仅仅是以上两个方面，其他诸如竹编技术、具体农作物的种植技术等包括很多传统的民间智慧，限于篇幅，这里就不赘述了。但毋庸置疑的

---

① 参阅付广华：《生态环境与龙脊壮族村民的文化适应》，载《民族研究》2008 年第 2 期。

是，传统生态技术知识的确在龙脊古壮寨的生态修复与重建进程中发挥了自身的作用，为提高森林覆盖率、治理水土流失以及恢复生态系统生产力做出贡献。

（三）传统生态制度知识：生态重建的制度基础

无论人类社会的生产力和生产关系如何变化，都需要利用自然获取基本生存需要的食物、衣服和庇佑所。为了满足上述基本需要，壮族传统文化形成了一个复杂的资源应用和管理系统。在这个系统中，森林、水等关键性资源的管理无疑占据着重要地位。因此，传统社区发展出与之密切相关的社会组织和规章制度。在龙脊古壮寨，寨老制和乡约制度在区域性资源管理中发挥着突出作用。

1. 寨老制度

寨老制，又称为"都老制"或者"头人制"，相当于汉族地区的"乡老制"或者"村老制"。寨老一般要为人正直，熟悉本地风土人情和传统伦理道德，能处理民间各种纠纷。在成功解决一些纠纷以后，由本村寨群众公推产生。龙脊壮族寨老制又可以分为村寨、联村寨和十三寨三级组织。村寨寨老由本寨群众民主推举产生，负责组织本寨的梯田维修、水渠疏通、社会治安、纠纷调解等，有时还负责举行农业祭祀，以祈求获得神灵的保佑。联村寨寨老一般属于同姓组织，主要功能是负责主持宗族祭祀，还习惯使用"某氏清明会"的名称。十三寨寨老组织是龙脊壮族聚居区的最高管理机构。寨老（亦称大寨老）由村寨、联村寨的寨老联席会议民主协商产生，一般仅有三到五人，主要负责处理龙脊地区的大事，比如维护社会治安、执行乡约条款、组织武装抵抗、调节村寨纠纷等。[①] 据笔者廖家、侯家、平寨和平段

---

① 黄钰：《龙脊壮族调查》，载覃乃昌主编《壮侗语民族论集》，广西人民出版社，1995年版，第279—281页。

的补充调查，目前仅存在村寨级寨老组织。现在多称之为"寨主"，多由寨子里能够为群众办实事、享有一定威望的男性组成，每三年由全寨民众投票选举一次，基本上都是由村民小组组长兼任本寨寨主一职，有些人还因为担任寨主后进而成为村民小组组长。由于寨老负责管理本寨的共有山林、荒山、坟场、水源等，发挥着一定程度的区域资源管理职能，故在生态重建的历史进程中发挥了自身独特的作用。突出地表现在以下两个方面：一是积极参与绿化造林工作，直接推动生态重建进程。如廖家寨管辖区域内有几千亩荒山野岭长期用作养牛坡，没有划分给农户。在1991年冬的"造林灭荒"大决战中，林技部门引进耐寒抗雪压的柳杉苗，免费提供给农户进行灭荒绿化。廖家寨几位寨主接到这个信息以后，召集村民讨论，决定在本寨集体荒山营造柳杉工程林。在各位寨主的带动下，当年集体种植柳杉430亩。一年后，柳杉林长势良好，激发了廖家寨民众集体造林的热情，并从此一发不可收拾。1992年又种植230亩，紧接下来的十几年中，廖家寨几乎每年都组织民众扩种、管理，现已经发展成自然屯级集体林场近2000亩，保守估计总产值约200万元。[①] 二是制定保护生态环境的乡约制度，保护生态重建的成果。如1996年生效的《廖家屯规民约》规定："凡在封山育林区内盗砍生柴，一次罚款50元，在本人山场乱砍一次罚款30元。""每年必须在清明节后五天内起实行看管耕牛，如故意不看管损坏春笋，每根罚款5元，糟蹋农作物按损失1至5倍赔偿。"以后，历次继任的廖家寨主成员都大力确认看管耕牛的重要性，认为浪放牛羊严重损害毛竹、杉木等生态林的正常生长。不难看出，传统的寨老制度在龙脊古壮寨生态重建具体措施的实施、重建成果的保护等方面发挥了重要作用。

---

① 廖忠群主编：《廖家古壮寨史记》，2010年印，第24页。

2. 乡约制度

乡约制度是乡土社会的行为规范，是乡民们进行社会活动可以遵循的依据。因此，中国乡土社会的精英们一直非常善于使用这一有力武器，以实现区域社会的有效治理。龙脊壮族地区从清道光年间就开始发展起了较为完备的乡规民约，对实现龙脊十三寨的区域社会稳定起到了十分重要的作用。[①] 在众多的条款之中，有一些是关于保护与调整水资源、维护农林作物的正常生长和收获的乡约条款，用以制止乡民对当地生态环境的破坏。光绪四年（1878）的《龙胜柒团禁约简记》对此做了很详细的规定："禁种土离粮，耕地于在牧牛之所，各将紧围固好，如牲践食者，照苑公罚赔补；禁种土杂粮之外，于在外界，如牲践食者，宜报牲主公平照苑赔补，不敢生事；禁天干年旱，山奋田照古取水，不敢灭旧开新，如不顺从者，头甲带告，送官究治。"[②] 清末年间的《龙脊地方禁约碑稿》也有维护农林作物正常生长和收获的规定："禁地方各卖管业，柴薪数年禁长成林，卖主不得任意盗伐，如有不遵禁约，任凭乡老头甲送究。"[③] 清末民国时期的《团会禁山序》云："自今以后，山有山无，必须谨守王章，会内会外，务要率循正道。倘唱山捕获，谁私卖容易，即属兄弟契戚之谊，理无二致。若有家庭朋友之辈，例应一同，于是规矩既严，应尔山林必盛。"[④] 上述乡村禁约都强调了维持正常的生产

---

① 参阅付广华：《试论壮族乡约制度的功能：以龙脊十三寨为例》，载《广西民族研究》2005 年第 1 期；《试论壮族乡约制度的起源与特色》，载《广西民族研究》2010 年第 4 期。

② 广西壮族自治区编辑组：《广西少数民族地区碑文、契约资料集》，广西民族出版社，1987 年版，第 177—178 页。

③ 广西壮族自治区编辑组：《广西少数民族地区碑文、契约资料集》，广西民族出版社，1987 年版，第 201 页。

④ 广西壮族自治区编辑组：《广西少数民族地区碑文、契约资料集》，广西民族出版社，1987 年版，第 207 页。

秩序，防止山林生态遭受巨大破坏，特别是龙脊壮族民众还专门成立了"团会"，专门负责"禁山"事务，以便做到"山林蓄禁，盗砍当除"①，最终要实现"山林必盛"的终极目标。在生态恢复与重建的历史进程中，乡规民约并没有退出历史舞台，而是在旧有基础上得到进一步发展。因连年自然灾害，龙脊壮族乡民逐渐认识到了砍伐森林与灾害之间的关系。为了保护生态环境，应对严重的干旱灾害，龙脊村党支部、村公所1989年制定的《封山育林公约》规定："龙脊屋背山林，按山的座向，左凭兴益平安山场；上凭水库倒水；右凭盘古坳倒水；下凭四队屋背为界，作为本村的长期封山育林区，面积1500亩左右。""山育林区内偷砍生柴一次，罚款二十元，并责令补种幼林。""凡在封山育林区的村民自留山，都要积极予以保护，不得乱砍生柴、林木或开辟新地，凡乱砍生柴或开辟新地，经教育不听的，均每砍一次生柴罚款十元，每开辟新地一份罚款三十元。"② 当然，这样小的封山育林区相对于龙脊多达21300多亩的土地来说仍然是很窄小的，但毕竟已经开始了保护生态环境的新的尝试。而且，此后，龙脊村公所在和平乡政府的号召下，开始以消灭海拔800米以下宜林荒山为目标，掀起轰轰烈烈的造林高潮。到1992年春止，全村完成人工造林147.63公顷，封山育林853.07公顷。③ 虽然上述乡规民约是当代制定的，但它们与龙脊壮族传统的乡约制度是一脉相承的，而且其中还渗透着丰富的传统思想，本质上是对传统生态知识理念的一种继承和发展。其中不少条款

---

① 广西壮族自治区编辑组：《广西少数民族地区碑文、契约资料集》，广西民族出版社，1987年版，第207页。

② 龙脊村党支部、村公所：《封山育林公约》，1989年7月15日，藏龙脊村委会办公室。

③ 龙脊村公所：《龙脊村绿化造林工作情况的报告》，1992年11月5日，藏龙脊村委会办公室。

直接针对乱砍滥伐森林，破坏农林作物正常生长的行为，对维护龙脊壮族地区的区域小环境具有一定的实践价值。

图4-5 道光二十九年龙脊乡规碑

综上所述，龙脊古壮寨传统文化包含着丰富的传统生态技术、生态制度和生态表达知识，这些知识蕴含的是崇拜自然、敬畏自然、感恩自然的"敬天"观念，蕴含的是人与自然和谐共生的文化理念。只要我们充分挖掘、利用好壮族传统生态知识，不仅能够为壮族地区的生态恢复与重建提供精神财富和智力支持，而且还可能为中国其他省区的生态文明建设提供可资借鉴的因素。

三、现代科学技术与生态重建

作为一种发源于西方的传统，现代科学技术对壮族地区来说，是一种契入的文化传统，具有不服水土性，如果运用不当，很容易产生生态上的灾变，因此必须认真检验每一种外来的生态知识元素的区域有效性。然而，不可否认的是，现代科学技术在民族地区生态建设中具有不可替代的作用，毕竟知识本身并没有好坏，只是使用的方式和方法产生了问题。龙脊古壮寨的生态重建具有区域性、民族性等特点，在当代语境下，现代科学技术无处不在，因此壮族地区的生态重建必然要受到其影响。与其被动接受，不如主动出击，根据区域自然地理环境特征，采纳与之相适应的生态学知识，方才是正确的选择。实践已经证明，现代科学技术在龙脊古壮寨的生态重建历程中发挥着推动作用。

（一）科学营林技术：直接促进生态重建的进程

龙脊古壮寨并不是一个绝对封闭的社区。早在民国时期，新桂系地方政府就通过乡村甲制度渗透到基层乡村，外来的现代科技知识也随之进入。据 1947 年的"龙胜县镇南乡龙脊村卸任村长廖鼎森交接清册"，其中所交接的现代科技文本有：《造林须知》1 册，《广西省清理荒地督促办法》1 册，《油桐栽培简易法》1 册，《挖塘蓄水灌溉须知》1 册，《各县植桐推广办法》1 册，《水稻留种浅说》1 册等十余本之多。① 不难看出，龙脊古壮寨民众的造林实践在民国时期已经受到现代营林技术的影响。

新中国成立后，现代科学技术更多地传播进龙脊古壮寨。但在"以粮为纲"的时代，古壮寨民众多学习外来的农业生产技术。只有到改革开放以后，在林业生产成为新的经济增长点以后，科学营林技术才可能得到更大力度的传播。1990 年，中共龙胜各族自治县委员会下发的文件为龙脊古壮寨的植树造林技术定下了基调：林业生产必须注重科学，一定要坚持高标准、高质量造林。要严格按照技术要求，统一规划，统一育苗，统一整地

---

① 龙胜各族自治县档案馆，全宗号：52；目录号：12；案卷号：9；成文时间：1947 年。

挖坑，统一造林时间，统一管理，统一验收，保种、保活、保成林。林业部门要加强技术指导，保证苗木供应，保证造林质量，讲求实效，提高效益。[①] 这一文件以党的路线、方针和政策的形式要求林业生产必须注重现代科学技术，确认了科学营林技术的支配地位，为龙脊古壮寨的生态修复与重建制定了基本的技术路线。

关于具体的现代植树造林方法，1989 年下发的林业改革方案提出了科学造林的四步法：一是中稻收获后立即组织劳力投入砍山炼山，元旦前要完成备耕整地。二是要深耕细作，坚持以全耕整地为主，部分大于 30 度的陡坡可以搞带垦或者挖大坎：带垦行距沿等高线 3—4 米，带宽 0.8—1 米，深 1 尺左右；挖大坎规格 0.8 米见方，深 1 尺以上。三是要采用良种壮苗、适时造林：速丰林和一般工程林要用一、二级苗，苗高要达 30 厘米以上，地径 0.4 厘米以上，不合格的苗木，不能用于造林；定植时间应在春节前完成，最迟不能超过阳历二月底。四是要及时抚育、精心管护：速丰林和工程林一你年要抚育两次，第一次在四月下旬至五月上旬，第二次在八月上旬至中旬；全垦造林要求林粮间种二至三年，以耕代抚，促进幼林速生快长。[②] 从中不难看出，林业部门已经给龙脊古壮寨民众提供了科学营林方法，并且对具体的时间、规格和抚育等问题进行了说明，非常有助于民众的造林绿化实践。次年，龙胜各族自治县人民政府下发到龙脊村的通知进一步指出了两种具体的造林方法：一是全垦整地加挖坎造林，即对坡度在 25 度以下的缓坡地，采用全垦整地加挖坎的方式造林。要按作业设计株行距扯线定点、挖坎，坎的规格为 2

---

① 《关于加速造林绿化的补充决定》（龙发〔1990〕27 号），现藏龙脊村委会办公室。

② 《龙胜各族自治县林业改革方案（试行）》（龙政发〔1988〕146 号），现藏龙脊村委会办公室。

尺见方，1尺深。同时要求间种农作物，以耕代抚。在林木种类的搭配上，还可以种植有一定数量的果木林或其他经济林，以达到长短结合、以果养林的目的。二是挖大坎造林，即对坡度在26度以上的陡坡地，采用挖大坎的方法造林，坎规格为2尺4寸见方，1尺深。具体做法是：先将表土铲到坎的一侧堆放，然后按照坎的尺寸要求挖够宽度和深度，经检查坎的规格质量，达到标准后，在定植前一个星期将表土回填，最后挖苗定植即可。①诸如此类的绿化造林技术宣传甚多，老支书潘廷芳的笔记中大量记载：在1987年至1993年的"大灭荒"期间，龙胜各族自治县、和平乡两级地方政府经常召开林业工作会议，不仅进行绿化造林、能源等方面的工作部署，而且还经常涉及营林树种的选择与栽种技术要点。

即使时至今日，龙脊古壮寨基本上不存在无林荒地，但仍然时常接触外来的茶叶、果木、三木药材以及毛竹低产改造等科学营林技术。如2007年10月15日，龙胜各族自治县林业局在龙脊古壮寨对农户进行毛竹低产改造方面的科技培训。根据当时的会议记录，该培训应到102人，实到102人，也就是说，几乎全村每户都有一人参与了该技术培训。从村委会所藏的资料来看，毛竹造林技术涉及毛竹造林地的选择、造林密度、造林季节、母竹造林以及抚育管理等方面的内容；毛竹低改技术则涉及修山、垦复、施肥、补稀、钩梢、病虫害防治等方面的内容。这些技术基本上是林业科技人员根据科学林业理论与实践总结出来的，某些方面的内容是村民们闻所未闻的，如钩梢，这是浙江安吉竹区的经验，据认为这一技术不仅可以提高单株毛竹的质量，而且还可以用钩下来的竹梢捆扎扫帚，提高经济效益。

---

① 《关于下达一九九一年营林生产计划及其规定的通知》（龙政发〔1990〕105号），现藏龙脊村委会办公室。

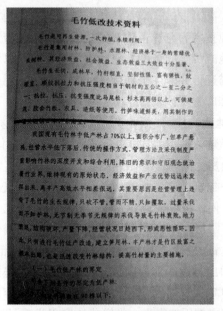

4-6 林业部门下发的毛竹低改技术资料

这样看来，科学营林技术的确为龙脊古壮寨的生态恢复与重建提供了技术支持与保障，但与此同时，我们也要深刻地认识到：科学营林技术最终要通过古壮寨民众的植树造林实践才可能转化为生产力，而在这一过程中，古壮寨民众固有的对当地气候、土壤、降水方面的认知以及乡土造林方法，同样参与了生态修复与重建的进程。

（二）生态能源技术：直接支持生态重建的实施

自古以来，龙脊古壮寨民众以柴薪为最主要的燃料，他们用柴来煮饭、炒菜，用柴来蒸馏酿酒，用柴来加热猪潲养猪……具体到民众家中，在20世纪90年代以前，锅灶基本上都是"老虎灶"，热能效率极低，因此柴薪消耗特别大。有的家庭，一年要烧掉100多担、10000多斤干柴。后来，地方政府推广省柴灶，把热能效率提高了一倍，柴薪消耗有所减少。更为重要的是，沼气等生态能源技术为龙脊古壮寨民众的炊事用能带来了革命性的变化，极大地减少了能源性木材的消耗。沼气可以做饭，是现代科学的一种描述，并非乡土社会的认知形态。从现代科学的角度来看，沼气推广主要涉及三个方面的技术因素[①]：

1. 沼气池建筑技术

一是选择建池地点。为了保证沼气池经久耐用，池基要远离树木，靠近厨房。同时，要做到猪栏、厕所、沼气池、贮粪池配套设计，统一建筑，这样既能保证沼气池正常产气，又可以使进出料和用气方便。一般来说，龙脊古壮寨的沼气池多建在干栏建筑的第一层，靠近厕所和猪圈，以方便收集人畜粪便。二是选择沼气池型。龙脊古壮寨普遍推广的是"水压式沼气池"，它由进料池、发酵池和出料池三部分组成，具有易建筑、坚固耐用、省工省料、安全卫生、管理方便等特点。至于沼气池容积的大小，由于龙脊古壮寨宅基用地紧张，普遍建池容积为6—8立方米。三是池型结构的控制。进料管是发酵原料进入发酵池的通道，呈喇叭形，上口窄，下口宽，通道坡度为60—70度角；发酵池和贮气室是一个整体，下部是发酵池，上部是贮气室，是沼气池的关键部位，要做到不漏气、不漏水；出料管是发酵后的料液排出的通道，水压池是储存贮气室排出料液的地方，具有封闭沼气池和保存贮气室沼气压力的作用。活动盖设在贮气室拱顶中间，是大换料时的吞吐口，又可以由此对沼气池进行检修；导气管是沼气池内所产沼气输出的总管道，它固定安装在活动盖板上，上口连接输气胶管，下口穿过活动盖板与沼气池贮气室相通，沼气通过输气胶

---

① 主要参考自傅荣寿等编著的《广西农村能源史》（广西民族出版社1993年版）第104—146页的技术参数方面的内容，并结合了龙脊古壮寨考察的实际情况综合写成。

管送达用户。其实，对龙脊古壮寨来讲，最难掌握的是沼气池"以水密封，水压送气"的工作原理。由于部分村民并没有掌握这些原理，使得沼气池出现一些小问题而无法继续使用。

2. 沼气设施管护技术

在沼气池使用的过程中，为了保持沼气池的正常使用，平时需要加强科学管理。只有勤于管理，合理加料，才可能充分保证沼气需要。在日常管理中，一是要注意勤加原料和除料清池。一般半月至一月最好增添部分新料，并注意发酵原料的配合比例，同时取出大致同量发酵后的肥料。每半年或一年应该彻底换料，清除池内沉渣，加足新料。二是要保持适宜的酸碱度。在下料和发酵期间，把酸碱度保持在微酸性至微碱性之间，利于激发甲烷细菌的活性程度。在下料时，可加入少量的石灰或草木灰，以中和原料分解时所产生的有机酸。三是要经常搅拌。通过搅拌，可以把沉淀物搅动起来，使池液浓度较为均匀，迅速扩散甲烷细菌，加速原料发酵。否则，大部分有机质沉在水底，仅少部分原料伏在液面，中层全是水，影响正常产气。此外，还要注意经常往盖板上洒水，防止盖板因曝晒裂缝而漏气；经常检查沼气池、输气导管和开关是否漏气。从龙脊古壮寨的情况来看，2000 年前后，龙脊古壮寨各家各户每年要养殖两三头肉猪，大部分人家还养有牛、马等牲畜，因此沼气原料来源充足，使用起来也极为方便，的确对生态重建起到了一定程度的辅助作用。但时至今日，从事养殖的农户日渐减少，牛、马、猪等家畜的养殖比之以前有较大程度的下降。由于没有足够的沼气原料，少数村民家的沼气池已仅具化粪池的功能而已。

3. 沼气设施维修技术

由于沼气池建设过程中要考虑到诸多的技术参数，而在这些问题上又容易出现问题，因此也就随之要对沼气设施进行维修。在实践中，常常出现的是压力表方面的问题，比如压力表水柱上下波动，沼气灶点火时火焰燃烧不稳定，这可能是因为输气管道内积水的缘故，需要及时排除管道内的积水。再比如压力表水柱上升慢，到一定高度就不再上升，很可能是贮气室或输气管漏气，也可能是进出料管漏水，这时候就需要对贮气室和输气管道进行检修，或设法堵塞进出料间的漏水部位。在龙脊古壮寨，有两位在龙胜县能源办登记在册的沼气池建造师傅，他们负责寨上沼气池的维修。只要农户把故障通过程序上报到了县能源办，然后就会安排他们到农户家去维修。

还必须补充的是，生态能源技术不仅体现在沼气技术上，而且也体现在电能及其相关设备的推广应用上，它们都为龙脊古壮寨的生态修复与重建贡献了力量。生态能源技术的应用与外部能源的输入，降低了能源性木材的消耗，直接参与了龙脊古壮寨生态修复与重建的历程，是生态重建之所以成功的重要保障。

（三）现代农业技术：间接保障生态重建的成效

作为一个系统工程，生态修复与重建涉及方方面面。在龙脊古壮寨的生态重建过程中，地方政府还积极推广现代农业技术，提高单位粮食产量，不仅有效地解决了农民吃饭问题，而且还有效地制止了毁林开荒现象。梯田稻作是龙脊古壮寨的主要生计方式，因此水稻栽培技术上外来生态知识的渗入是非常明显的，不仅引进了不少新的杂优品种，而且还引进了很多"先进"的栽培技术。

在新的杂优品种的引进上，早在20世纪80年代初，龙胜县农业局就到龙脊推广杂优水稻品种，当时推广4户人家试种，平段第十组的潘瑞贵是其中一家，他所试种的8.4分田打得了1275斤干谷。① 第二年，家家户户都开始种杂优了。后来村委还统一订购过杂优种子。古壮寨民众已很少记得这方面的事情了，幸好龙脊村委的档案中还保存着这方面的详细记载，龙脊古壮寨多个

---

① 2006年8月29日在龙脊村平段寨访问潘瑞贵老人所得资料。

生产组购买杂优稻种子登记表显示：龙脊古壮寨到 1988 年时已基本普及了杂优水稻的种植，而且当时购买的品种也不是单一的，有尾优、桂 33 等。如廖家第十一生产组，更多的民众购买了桂 33，最少的也有 5 斤，多的甚至达到了 10 斤；而购买尾优的民众比较少，仅有 6 户人家，其中最少的仅购买了 2 斤，多的则达到 10 斤。

到 1990 年 3 月，县里开始和村里签订了援助贫困地区发展资金项目，帮助村里购买 1990 年杂优种，实际援助总金额达到 1221.05 元。① 到 1991 年，龙脊古壮寨民众把大部分的梯田种上了杂优水稻，有的在旱地上种植了杂交玉米，具体情况如表 4 - 1 所示：

表 4 - 1　龙脊古壮寨 1991 年粮食作物种植情况统计表

寨别	组别	耕地面积（亩）	杂交水稻（亩）	杂交玉米（亩）
廖家	第四组	101	88	10
	第五组	114	95	10
	第六组	88.5	70	10
	第十一组	72	60	15
侯家	第七组	60.5	55	15
	第八组	81	68	15
	第十二组	82	65	15
平寨	第九组	68	55	15
平段	第十组	85	72	15
总　　计		752	626	120

资料来源：龙脊村委会办公室。

---

① 《龙胜各族自治县援助贫困地区发展资金项目合同议定书》，1990 年 3 月 15 日，藏龙脊村委会办公室。

从上表可以看出，到1991年的时候，龙脊大部分的梯田都种植上了杂交水稻，就全村来看，杂交水稻占到了全部耕地面积的83.24%，另外还种植了15.96%的杂交玉米，只给传统的作物留下不到1%的生存空间。当然，这一统计数据中存在一些问题，但至少说明了现代的育种技术对龙脊的农业生产产生的重要影响。

在引入新品种的同时，地方政府还非常热衷于引进新的耕作技术与方法。早在1990年4月18日，县扶贫办就和龙脊村委签订了援助贫困地区发展资金项目，决定援助再生稻地膜购置费用，总金额为218.40元。[①] 到1991年，龙胜县政府发布文件要求全县认真抓好如下几个开发性项目：第一是再生稻的项目开发。第二是大力推广垄稻栽培。第三、第四是地膜玉米和垄稻沟鱼。该文件还提出：“再生稻是我县单季稻一熟改二熟、提高粮食产量、增加经济收入的有效措施，有投资少、省种、省工、省肥、省水、生育期短、管理技术简单等特点，容易被群众接受。”同时规定，分配有再生稻、垄稻及垄稻沟鱼任务的农户，拒不愿意按规定种养的，国家不供应统销粮，不享受优惠政策，村公所不开任何证明领取社会救济。在政府政策的压制下，古壮寨民众不得不接受上面下达的技术改造任务，具体的情况如表4-2所示：

---

① 《龙胜各族自治县援助贫困地区发展资金项目合同议定书》，1990年4月18日，藏龙脊村委会办公室。

表4-2　龙脊古壮寨1991年再生稻、垄稻种植情况统计表

寨别	组别	耕地面积（亩）	再生稻任务（亩）	垄稻任务（亩）
廖家	第四组	101		20
	第五组	114	20	15
	第六组	88.5	20	15
	第十一组	72	20	10
侯家	第七组	60.5	20	10
	第八组	81	30	10
	第十二组	82	20	10
平寨	第九组	68	30	10
平段	第十组	85	30	10
总　　计		752	190	110

资料来源：龙脊村委会办公室。

　　从上表中可以看出，在县乡政府的倡导下，龙脊村已经结合本地实际领取了再生稻和垄稻的栽培任务。所种植的再生稻已占耕地总面积的25.27%；垄稻种植面积虽然稍微少了一些，也达到了耕地总面积的14.63%。到1992年，垄稻的栽培经过一年的实验取得了比较好的效果，于是县、乡两级政府开始扩大规模，要求进行更多的垄稻栽培，并与龙脊村委签订了《龙胜各族自治县垄稻栽培重点村责任状（1992）》[①]，确定龙脊村为1992年垄稻生产重点村，全村垄稻面积为300亩。没有材料显示这次垄稻试验的情况如何，但是如今龙脊的民众已经不再谈论什么再生稻、垄稻，他们仅仅谈论杂优水稻而已，其栽培技术进一步完善，而且能够购买到的杂优水稻品种也越来越多，可选择的面也越来越宽。

---

① 《龙胜各族自治县垄稻栽培重点村责任状（1992）》，藏龙脊村委会办公室。

　　然而无论是新引进的杂优水稻品种，还是再生稻、垄稻等新的栽培技术，最终目的都是为了获得稻谷产量的增加，但如果没有化肥农药的辅助，这种增加只能是小限度的，无法实现生产利润的最大化。从能量演进的观点来看，在工业化农业之前，人类是从农业获取更多的热能，而不是投入更多的热能。如今，由于杂优水稻的种植，化学肥料和杀虫剂、除草剂的施用量加大，整个农业生产日益实行密集栽培类型，每亩才能获得越来越多的热能。但这种情况是以燃料能投入的增加为代价的，而化肥农药都是耗费大量燃料能的现代科技产物，不仅需要投入大量人力劳动，而且还要直接或间接消耗诸多的燃料能。看上去农民如今在土地上获得了更多的热能，但实际上却是更多人共同劳动的结果。正如马文·哈里斯所说："从广义来说，差不多所有的工业和服务业的工作人员都对现代农业生产做出了贡献。"① 我们实际的田野调查经历也证实了这一点，近年来龙脊村民投入梯田稻作的化肥农药数量不断增加，而且这种增加随着新产品、新技术的引进而显得更为迫切。平段寨 PCG 认为："仅用农家肥不行，不用化肥苗跟不上。"廖家寨 LZG 认为："化肥的催苗作用就好，而且杂优这种品种对化肥的需求大。"LZH 也表示过类似的观点："农家肥可以不加，但化肥是不能不放的。"LZG 更是一语道破天机："不用化肥，产量不高。"还有的甚至曾对笔者说过"没得农药就没得吃了"之类的话。这样看来，无论是新的杂优水稻品种的引进，还是新的栽培技术的传播，都是以增加农肥农药的投入为前提的。

　　综上所述，在龙脊古壮寨生态重建的历史进程中，现代科学技术发挥了相当重要的作用。从植树造林方面来讲，科学营林技

---

　　① ［美］马文·哈里斯著，李培茱、高地译：《文化人类学》，东方出版社，1988年版，第71页。

术主导了整个实践，龙脊古壮寨民众所种植的柳杉、杉树、毛竹等树种都是林业部门推广和提供的；生态能源技术的表现也非常明显，不管是外部传入的沼气池建造和利用技术，还是形形色色的电器类设备，都是现代科学技术的产物。当然，现代农业技术对生态重建的效用是间接的，但它的确也是非常重要的，并且不容忽视。毕竟，现代科学技术发挥效用仍然需要当地人来取舍，并根据他们对地方生态环境的认知去实现生态重建的设想，而且还充分利用了水冬瓜、丛生竹等乡土树种，因此还需要明了传统生态知识发挥的重要效用。

四、生态建设必须综合运用两种知识

在龙脊古壮寨生态重建的历史进程中，传统生态知识和现代科学技术都发挥了它们各自的作用，推动了区域性的生态系统修复与重建。因此，笔者认为，在包括生态重建在内的任何形式的生态建设中，都必须综合利用两种生态知识，充分发挥这两种知识体系各自的长处，并力图矫正两种知识的缺陷和不足之处，从而为区域社会的可持续运行提供智力支持。

作为生发于地方社会的传统生态知识，它是该区域内族群认识自然、改造自然的认知产物，天生地具备适应地方生态环境的特点，故不仅容易避开生态环境的脆弱环节，而且还可能提供解决环境问题的文化路径。在本项研究中，笔者发现，虽然龙脊壮族的传统生态表达知识已经发生一定程度的变迁，但仍然是他们进行生态重建的思想根基，是他们难以丢弃的文化之根。当然，传统生态制度知识也直接参与到山村生态重建的进程中去，不仅古壮寨的寨老们多方筹划、充分调动村寨民众的积极性，而且还通过乡规民约的形式把生态重建置于保护之中，保证了生态重建的实效。与此同时，外来的现代科学技术同样发挥了非常重要的作用：科学技术不仅帮助古壮寨选择了合适的营林树种，而且给古壮寨提供了替代性的能源形式，减轻了地方性生态系统的压力，为保证生态重建的效果做出了突出贡献。

不过，考虑到知识领域"非此即彼"的思维模式，还必须着重指出两点：第一，不要片面夸大现代科学技术的效力，而要充分警惕其破坏性。现代科学技术只是西方背景下生成的一种认识人与自然关系的理论范式，本质上是西方社会中的"民族科学"。然而，随着西方国家的殖民扩张和文化霸权的扩散，现代科学技术的普适性被夸大，逐渐压制了人类社会传统上固有的其他族群的传统知识智慧，并经由现代化前景的诱惑，进而逐步确立其"现代全球科学"的至高地位。虽然现代科学技术是经过试验发展起来的，具备普适性特征，但仍无法否认其知识本身的缺陷。对此，美国生态学家 H·穆勒、贝尔克斯等人提出："虽然科学可以提供精确量化，但并不总是值得信赖，因为它并非建立在熟知本土环境的基础之上。"① 因此，在具体区域的生态建设中，必须把现代科学技术和区域性特点结合起来，最好是把现代科学技术和世居民众的传统生态知识实现并置，最终采取最为合理的建设方案。第二，不要片面夸大传统生态知识的有效性，毕竟它还有自身的局限性：作为建立在熟知地方性环境基础之上的传统生态知识，它可能并不精确，难以从定量的角度证实其现实效用，因此，不能仓促地把一个地方的传统生态知识搬到另外一个地方来使用，要充分考虑两个地方之间的同异之处。

最后，考虑到知识与权力之间的复杂关系，笔者有必要再一次提醒人们：一定要警惕现代科学技术的文化霸权逻辑，还其他

---

① H. Moller, F. Berkes, P. O. Lyver, and M. Kislalioglu. Combining science and traditional ecological knowledge: monitoring populations for co‑management. *Ecology and Society*, 2004. 9 (3): 2.

知识体系以平等的地位。对此，美国学者马格林（Stephen A. Marglin）曾精辟地分析道："西方知识的意识形态组织了传统和现代知识体系和平共处。成为西方科学根基的知识体系，在理论上可以和其他知识体系共存，但在实践中，意识形态使西方的知识体系提出全面的和排他的的要求，因而排除了和平共处的可能。西方学识的政治效果，使西方知识体系对于自己无法理解和利用的事物，不但不会欣赏，甚至不能容忍。的确，在西方知识体系中，凡不能被拥有的，就连知识的地位也无法获得。"① 在多个民族志案例中，现代科学技术都充分发挥了其霸权逻辑，极力压制"他者"的话语体系，进而剥夺"他者"的文化生存空间。如人类学家维拉通格（Nireka Weeratunge）发现，全球性的"与自然和谐共生"话语已成为根深蒂固的隐喻，甚至在斯里兰卡的环境主义者那里得到共鸣，因此剥夺了斯里兰卡原有的与"和谐"类似的地方话语"kaliyugaya"的存在空间。② 维拉通格的研究无疑表明，在全球化时代，拥有话语权的西方社会不仅会把它们的生态文化理念贩卖给"他者"，更重要的是，这种贩卖压制了"他者"生态文化的生存空间，最终很可能会导致"他者"本土文化的生存危机。

---

① ［美］马格林著，卜永坚译：《农民、种籽商和科学家：农业体系与知识体系》，载许宝强、汪晖选编：《发展的幻象》，中央编译出版社，2000 年版，第 304 页。

② Nireka Weeratunge. Nature, Harmony, and the Kaliyugaya: Global/Local Discourses on the Human – Environment Relationship. *Current Anthropology*, 2000, Vol. 41, No. 2, pp. 249 – 268.

第五章　全球性联系：
生态重建的外部力量

外力，原系物理学名词，社会科学借用后，逐渐演化为"外部力量"、"外部动力"等称谓，指的是推动某一社区或组织改变的外来力量。为了研究的方便，笔者把龙脊古壮寨视为一个相对独立的生态系统。然而，该系统从来不是一个整合的、封闭的系统，而是与外部世界有着多种多样的联系。受世界体系理论和多点民族志思想的影响，笔者把这些联系称为"全球性联系"，它指的是龙脊古壮寨与世界性资源配置之间的内在关联，并不可能包涵世界上发生的所有事情。从生态修复与重建的角度来说，这种全球性联系主要体现在两个方面：一方面，地方性生态系统从外部世界输入了大量的物质、能量和信息，支持和保障了生态重建的成效；另一方面，在外部世界比较利益的驱动下，龙脊古壮寨民众大量外出务工，不仅直接地减轻了地方性生态系统的压力，而且间接地保障了生态重建的实效。由于外来的科学技术已从知识的视角进行阐述，故本章仅略述之。

一、在地方生态重建中发现全球性

（一）作为全球性社会实践的生态重建

从 20 世纪 60 年代后期以来，人们已经真真切切地感受到资本主义给全球带来的生态破坏：森林砍伐，生物多样性减少；土壤退化，农业生产面临严峻挑战；人口数量大，对全球供给形成了巨大压力；化学污染严重，废水、废气、废渣问题难以解决；气候变暖，臭氧层出现空洞……

面对全球范围内的环境问题，世界上许多国家和地区都在试图减少森林砍伐、减少水土流失，重建退化的生态系统。美国从20世纪50年开始了"大重建"运动，创设了联邦森林局，促使土地所有者保持木材资源。从法国到新西兰，都在由去森林化到再森林化转型。① 第二次世界大战后的日本开始反思其过去的滥伐政策，因此发起了全国范围内的再森林化运动，结果整个20世纪60年代每年种植30多万公顷的森林，山地生态得到较好的修复，以至于出现"过森林化"（over - forestation）的倾向。② 对于这一世界性的行动，经济学家坎宁安（G. Storm Cunningham）提出：随着许多生态系统的毁灭，并且有更多的相关系统因之受到限制，我们将别无选择地投入大量资金重建这些系统。鉴于生态重建是21世纪的产业和灵魂，是当前最大、最重要的无正式文件的经济因素，每年有超过1万亿美元的经费进入了组织和个人的腰包，因此，坎宁安呼吁投资者和企业家开始经营我们的重建时代，那样不仅会使我们的地球受益，而且还会给自身的银行账户余额带来巨大增长。③

虽然某些地区的生态重建工作取得了局部性的胜利，但从全球范围内来看，人类仍时刻面临着全球变暖、臭氧层空洞、去森林化、水资源短缺等环境问题，因此并未能阻止生态环境继续恶化的趋势。这是因为西方某些发达国家的环境改善本身是以不发

---

① David G. Victor and Jesse H. Ausubel. Restoring the Forests. *Foreign Affairs*, 2000 (6)：127 –128.

② John Knight. A Tale of Two Forests：Reforestation Discourse in Japan and beyond. *The Journal of Royal Anthropological Institute*, 1997（4）：711 –730.

③ G. Storm Cunningham. *The Restoration Economy*. San Francisco：Berrett – Koehlor Publishers, Inc. , 2002.

达国家的环境破坏为代价的。以美国为例，它建立了大量的自然保护区，保护本国范围内的生物多样性。然而，美国自身的这种环境改善，却是建立在热带雨林破坏的基础上的。美国人日常早餐喜欢吃香蕉切片，它的生产过程就是让热带雨林的生物多样性成为消费市场牺牲品的过程。为供应第一世界便宜的早餐香蕉切片，美国于 20 世纪初进驻中美洲，砍伐掉热带雨林，以种植香蕉，造成生物多样性的严重损失，其后果无法估计。当今全球化的世界体系更加剧了殖民主义对生态和小农的负面冲击，因为消费者并未意识到自己的行为竟然牵动到世界另一端的生活，甚至成为剥削别人与环境的帮凶。事实上，这些庞大的跨国企业只注重企业利润和规模最大化，以剥削穷国的劳工和自然资源为主要手段，最终得利的只能是权贵阶级，而受害的则是与全球环境密切相关的热带雨林以及不断遭受驱逐的小农。①

综上所述，不难看出，生态重建具有全球性特征，是世界上许多国家和地区扭转生态退化的一项有力措施。然而，由于不平等的政治经济体系的存在，某些区域的环境改善却是以另外一些地方的生态退化为代价的，本质上是一种"拆东墙补西墙"的办法，难以从根本上解决人类社会面临的生态环境问题。

（二）龙脊古壮寨生态重建的深层次动因

作为一种全球性的社会实践，生态重建已经在许多国家和地区得到实施。从 20 世纪 80 年代末期开始，中国鉴于国内生态环境破坏的状况，也采取了一些增加森林植被、减缓水土流失的生态工程，一定程度上遏制了某些地方生态继续恶化的趋势。作为南岭走廊地区的一个小山村，龙脊古壮寨有幸参与到国家和地方的生态重建进程中去，除当地民众改变自然灾害频繁的努力以

---

① ［美］约翰·范德弥尔、伊薇特·波费托著，周沛郁、王安生译：《生物多样性的早餐：破坏雨林的政治生态学》，台北：绿色阵线协会，2009 年。

外，尚有着更深层次的动因。

　　首先，从全球生态学的视角来看，龙脊古壮寨的生态修复与重建，能够在一定程度上抵消外部环境破坏的消极影响。1980年前后，一些受系统生态学思想影响的学者，开始把人类生存的地球视为一个整体，认为整个地球构成了一个完整的生态系统。对此，萨克斯（Wolfgang Sachs）认为存在三方面的原因：从政治上看，从20世纪80年代开始，人们才认识到工业污染所导致的酸雨、臭氧层空洞以及温室气体可以穿越边界进而影响整个地球；从科学上看，生态学研究很多年来一直关注诸如沙漠、沼泽以及雨林等单一的、孤立的生态系统，最近才把注意力转移到包含空气、植物、水及岩石的生物圈上；从技术上看，到20世纪90年代，人们已经可以通过卫星、传感器搜集全球性的资料，然后通过计算机等先进的设备对生物圈进行模式化考察。① 在萨克斯看来，由于全球生态系统方法从国际组织的高度审视问题，因此它可以完美结合生物中心主义和人类中心主义两种视角的优点，从而把全球社会作为分析单元。而且，这一模式可以从特殊的地方或政治场景揭示资源冲突，把人们从复杂和令人迷惑的情形中解脱出来。② 从这一视角去审视龙脊古壮寨的生态重建，我们就会发现：既然龙脊古壮寨是全球生态系统的一个点，那么它的生态重建必然会对整个全球生态系统的良性运行有所贡献。也就是说，即使全球范围内的其他地方出现了生态退化和破坏的情

---

　　① Wolfgang Sachs. Global Ecology and the Shadow of 'Development'. In Wolfgang Sachs, eds. *Global Ecology：A New Arena of Politcal Conflict*. London：Zed Books Ltd. , 1993.

　　② Wolfgang Sachs. Environment and Development：The Story of a Dangerous Liaison. *The Ecologist*, 1991（6）：253；Wolfgang Sachs. Environment. In Wolfgang Sachs, eds. *The Development Dictionary：A Guide to Knowledge as Power*. London：Zed Books Ltd, 1992, p27.

况，只要我们选择了相对应的地方进行生态修复与重建，那么就会抵消其他地方生态破坏的消极影响，对全球生态系统并不会造成太大的影响。从国内的情况来看，不论是中国国家层面，还是广西壮族自治区层面，都进行了生态功能区划分，强调某些地区一定要发挥好生态功能，而某些地区却可以大力发展工业。在这一功能区划分中，历来山林众多、交通不便的龙脊古壮寨，很自然地被划分为水源林保护区，成为其他地方持续性水资源供给的保障。

其次，作为半边缘社区，龙脊古壮寨能够在木材、粮食、劳动力等方面满足资本的资源需求，维系外部政治经济体系的可持续发展。在世界政治经济体系中，中国是名符其实的半边缘国家，而龙脊古壮寨则是半边缘国家中的一个半边缘社区。按照社会学家吉登斯的看法，在研究社区问题时，必须要意识到，发生于本地社区里的某件事情，很可能会受到那些与此社区本身相距甚远的因素的影响。[①] 只有如此，我们才可能揭示出那些先前毫无关联的过程之间实际上是有密切联系的。依此去审视龙脊古壮寨，我们就会发现：龙脊古壮寨的生态重建与外部世界存在着千丝万缕的联系。从生态重建的具体实施来看，在资本力量的操纵下，龙脊古壮寨民众所种植的大多是杉木、毛竹等实用木材，而不是着眼于长远的生态保护林。同时，生态重建可以向外部世界提供可持续的粮食和劳动力供给，满足了资本的资源需求。对于这种难以摆脱的状态，美国著名人类学家埃斯科巴一针见血地指出："农民在被纳入世界资本主义经济时，即便是第三世界最偏远的那些社区，都被从当地背景中剥离出来，并被重新定义为

---

① ［英］安东尼·吉登斯著，田禾译：《现代性的后果》，译文出版社，2000 年版，第 56—57 页。

'资源'。"① 既然龙脊古壮寨成为"资源"，外部资本为了保证其可持续供应，当然需要对其进行可持续的布置，因此进行生态修复与重建也就不足为奇了。

再次，作为一个民族旅游点，龙脊古壮寨整体上实现了"自然的资本化"，生态重建只不过是持续性获得利润的一种手段。1990 年后期以来，龙脊古壮寨以独特的干栏建筑文化蜚声于国内外，成为龙脊旅游的一个民族旅游点。2010 年，经过进一步的包装与打造，龙脊古壮寨正式成为一个旅游景区，整体上实现了村寨的资源化和"自然的资本化"。针对这种"自然的资本化"的形成，法国学者奥康纳（Martin O'Connor）指出，资本正在经历深刻的变革，进入一个生态的阶段："大自然"不再被当作一种外部的、可开发的领域来界定和对待；新的私有化过程主要通过表征的转变而实现，自然界和社会中先前未被资本化的方面自动成为资本的一部分，变成了储备的资本。与之相适应，资本主义的原始动力也改变了自身的形式，从依靠外部领域的积累和增长，变为貌似真实的自我管理和对资本化了的且自我封闭的大自然系统的保护。因此，纵使资本主义号召对资源进行可持续利用，但这种新的形式依然是把大自然作为资本，是对自然更广泛的符号征服和吞并。② 由此可见，龙脊古壮寨的生态重建，只不过是旅游资本获取可持续利润的一种手段，是一种不得不采取的资本战略。

---

① ［美］阿图罗·埃斯科瓦尔著，叶敬忠等译：《遭遇发展——第三世界的形成与消解》，社会科学文献出版社，2011 年版，第 227 页。

② Martin O'Connor. On the Misadventures of Capitalist Nature. *Capitalism*, *Nature*, *Socialism*, 1993, Vol. 4, No. 3, pp. 7–40; 并参见［美］阿图罗·埃斯科瓦尔著，叶敬忠等译：《遭遇发展——第三世界的形成与消解》，社会科学文献出版社，2011 年版，第 233—234 页。

（三）龙脊古壮寨生态重建的全球性联系

龙脊古壮寨的生态重建，不仅涉及权力、知识和话语因素，而且与全球性的资源配置有着密切的关联。从全球性联系的角度来看，对龙脊古壮寨生态重建施加影响的主要是外部劳动力需求（"出"）和外部输入（"入"）两个方面。

从外部输入的角度来看，首先必须将龙脊古壮寨假定为一个独立的地方性生态系统，这样才能看清外部政治经济体系所施加的影响。在笔者看来，龙脊梯田文化生态系统主要由森林生态、河谷水循环、梯田稻作、村寨文化以及辅助生业五个子系统组成。作为龙脊壮族人民适应山地环境而创造和发展起来的地方性的生态系统，龙脊梯田文化生态系统是一个顺应自然、各子系统协调的优良民族文化生态系统。整个系统最基本的能量来源是太阳能，通过森林生态子系统和梯田生态子系统内的绿色植物转化，形成可供人、家畜和野生动物利用的有机物质和能量，输入村寨文化子系统，并通过其特有的调节来控制整个系统的功能；同时，森林中渗出的泉水和溪水构成了河谷水循环子系统，它通过水沟的方式向梯田和村寨供水，保障了梯田生产和村民生活用水。而辅助产业并非无足轻重，它可以通过增加旱地粮食作物来满足生存所需。当然，龙脊古壮寨从来不是一个封闭的生态系统。即或是在封建时代，古壮寨民众尚需到官衙圩（今和平乡政府驻地）去出售辣椒、茶叶等土特产品，来换取食盐、布料、铁制农具等生产生活用品。民国以来，国家政权对农村生产生活的干预力度加大，龙脊古壮寨与外部的各种联系大大增强，它再也不是封闭的山村了。新中国成立后，它所受到的外部影响进一步加大，最终导致了整个民族文化生态系统的运行失衡和生态退化。20世纪80年代后期以来，在国家权力、外部输入以及外部劳动力需求的推动下，龙脊古壮寨地方性生态系统逐渐得到了修复和重建，最终恢复到良性的运行状态。

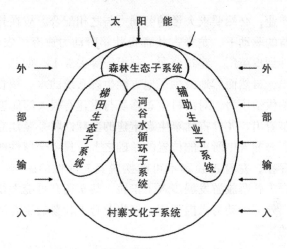

图 5-1　龙脊梯田文化生态系统结构图

从外部劳动力需求的角度来看，龙脊古壮寨青壮年劳动力众多，可以满足外地工厂的用工需要。改革开放以来，中国沿海地区大量引进外资，建立了大量的劳动密集型产业，区域经济得到了飞跃发展。2000 年以来，一些高污染、高耗能的产业在沿海地区失去了生存优势，逐渐开始向西部地区转移。为追求经济效益和财政收入的增长，广西各地政府大量承接东部产业转移。据不完全统计，2003 年以来，广西与东部地区企业签订合作项目8429 个，引入区外资金 4870.53 亿元，实际到位资金 1884.49 亿元。从产业类型来看，主要以劳动密集型产业为主，2003—2007年以来，电子、玩具、皮革、制衣等劳动密集型产业资金合计超过 800 亿元，约占广西利用区外资金的 32%。① 如此众多的劳动

---

① 　参阅黄志强：《加快广西承接东部产业转移的战略思考》，载《创新》2009年第 1 期，第 50—53 页；辛燕：《对西部地区承接产业转移中的生态伦理问题若干思考》，载《特区经济》2010 年第 5 期，第 203—207 页。

密集型产业，必然要求大量的劳动力与之相配合。故在外部比较经济利益的驱动下，龙脊古壮寨青壮年劳动力放弃了农业生产，纷纷出外到皮革厂、建筑公司、制板厂等去务工。如此一来，人员的外出，自然而然地减少了地方性生态系统的水、粮食、薪柴等方面的供给压力，对山村生态修复与重建有很大的促进作用。

不难看出，龙脊古壮寨生态重建的全球性联系是建立在其在全球性资源配置中所占的位置的基础之上。只要全球性的资源配置体系存在，龙脊古壮寨不可能摆脱其支配性的影响。有朝一日，龙脊古壮寨旅游发展步入了正轨，甚至还有可能大量引进外资和吸引外部劳动力入内就业，将为龙脊古壮寨的生态环境保护带来新的挑战。

二、系统外部输入与生态重建

对生态系统的运行，美国生态人类学家莫兰曾说过："系统的组成部分总是为能量、物质和信息的流动所联系着的，而正是这些流动把生态系统的各个元素连接起来的。"[1] 在生态系统中，化学能使物质由有机到无机的转化和基本的营养循环成为可能。能量流入生态系统并且转化为植物量，而正是这些植物量支持着动物和人类。信息使能流速率的控制、生态系统结构和功能的变迁以及内外形势下的适应成为可能。[2] 龙脊梯田文化生态系统也是如此，它也是这样一个由能量、物质和信息的流动所联系起来的结构。作为全球旅游业蓬勃发展中的一个点，龙脊古壮寨在

---

[1] Emilio F. Moran, *Human Adaptability: an Introduction to Ecological Anthropology*. Boulder, Colorado: Westview Press, 1982, p12.

[2] Emilio F. Moran, *Human Adaptability: an Introduction to Ecological Anthropology*. Boulder, Colorado: Westview Press, 1982, p5.

20世纪80年代后期以来的生态重建过程中，大量接受区域的、国家的和国际的物质、能量和信息输入，而这些输入无疑在一定程度上为生态重建提供了有力的支持和保障。

（一）内外物质循环支持生态重建

龙脊梯田文化生态系统是一种农田生态系统，其物质循环的状况和强度影响着该系统的生产力大小。物质循环是以水、上、肥和微生物的循环为主，从系统的顶部——森林生态子系统开始，一部分直接流入了梯田生态子系统，另一部分经过村寨文化子系统的加强以后，也流入梯田文化生态子系统，并在梯田文化生态子系统内被层层重复利用后，流出系统，为河谷水循环子系统冲走。在整个梯田文化生态系统中，物质的循环与输入十分活跃。在笔者看来，龙脊古壮寨生态系统的物质循环与输入涉及当地壮族民众生产生活的方方面面，它们也对整个系统的运行产生关键性的影响。

从生产方面来说，物质循环是生态系统的基本功能之一，它指的主要是C、N、S、P、K、Ca、Mg等元素的循环。这些营养物质的循环与平衡状况不仅影响着系统的正常运行，而且也影响着人类赖以生存的生态环境。如果没有这些物质为生命提供机制支持和营养根本，植物将不可能把太阳能转化为可供其他有机体利用的能量。当能量持续地进出整个系统，物质本质上也从一种状态到另一种状态。过去倾向于把物质的循环看成是封闭的，这根本是一种过于简化的说法，毕竟元素已经跨越了系统边界，为大气、水或者其他机械方式所承载，元素也从一个领域到另外一个领域。现今已知有30—40种元素是生命延续所必需的。有些需要的量很大（例如C、N、O和H），而其他的仅需要少量。而构成碳水化合物、脂肪、蛋白质和维生素的复杂有机分子并非由地球上随意的物质所产生，必须由大约20种基本无机质合成，因而像O、N、H、Ca、P、S和H2O的起源与运动对所有生态学家都具有重要的意义。① 对龙脊古壮寨来说，梯田生态、辅助生态子系统所播种的稻谷、玉米等农作物的种子，基本上都来自外部供应。更令人惊叹的是，龙脊古壮寨的农业生产非常依赖外部供应的化肥、农药。从 2007 年 8 月的调查情况来看，侯家、廖家 2 寨所施用的化肥普遍比平寨、平段 2 寨要多，这主要是因为侯家、廖家的不少梯田分布在较高的山头上，土壤较贫瘠、水温也较低，村民多用肥料打底，中耕管理时又大量追肥，所以普遍要比平寨、平段 2 寨多。侯家寨的 HRZ 曾计算过他每亩土地施用的化肥数量，复合肥 25kg、尿素 15kg、磷肥 25kg，总计 65kg。其实，这在侯家、廖家来说只是一般用量，有一些农户用得更多，如 HRL 仅 2 亩水田、1 亩旱地，但他 2006 年水田施用尿素 50kg、复合肥 100kg、钾肥 50kg，旱地施用复合肥 50kg、有机磷肥 50kg，每亩土地平均施用化肥达 100kg。HRQ 较重视复合肥的使用，每亩稻田施用 50kg 左右；不用复合肥的田，则按照每亩碳铵 50kg、磷肥 50kg 和尿素 17.5kg 的比例来施用，如此一来，如果不用复合肥的话，每亩用化肥达 117.5kg。而平寨、平段 2 寨的梯田分布在海拔较低的地方，土壤较肥沃、水温也较高，即使放置不多的化肥，农作物产量仍较为可观。平寨的 PRX 每亩仅施用复合肥 17.5kg、尿素 12.5kg，总计 30kg；平段的 PRS 主要施用复合肥和磷肥，每亩也不过 20kg 而已。当然，由于施用化肥数量的多少又受到思想意识、稻田分布以及家庭经济状况等多种因素的影响，故而廖家、侯家也有施用较少的农户，平寨、平段也有施用较多的农户。② 从化肥使用一项，即可以看出龙脊

---

① ［美］唐纳德·L·哈德斯蒂著，郭凡、邹和译：《生态人类学》，文物出版社，2002 年版，第 57 页。

② 参阅付广华：《外来生态知识的双重效用——来自广西龙胜县龙脊壮族的田野经验》，载《中南民族大学学报》（人文社会科学版）2010 年第 3 期，第 54—58 页。

古壮寨农业生产对外部依赖之深。这些外部输入的农业科技产品，提高了单位面积内的粮食产量，客观上为生态重建提供了支持。

图 5-2 外出采购食品的古壮寨民众

从生活方面说，龙脊古壮寨民众的衣食住行已经受到外部世界非常严重的影响。在服饰方面，虽然龙脊古壮寨先民曾经自己制作服饰，如今则主要购自集镇，基本上不再自制；在食品方面，虽然龙脊古壮寨民众自己还大量生产稻谷、玉米等粮食作物，但对外部的猪肉、牛肉、方便性食品已经形成了严重的依赖。如今村里有 8 家小商店，经营饼干等各种食品和日用品，有的甚至还出售海鱼、草鱼等动物性食品，而上述食物都是从龙胜或者和平批发进来的。在笔者 2011 年的田野调查期间，房东所准备的肉类、蔬菜，基本上都是从 9 千米外的和平街上购买回来的，有一餐甚至还吃到了米粉（系房东从和平街上打包带回来的）。在住房方面，龙脊古壮寨民众依然盛行木结构干栏建筑，但已经引进了钢筋水泥结构。很凑巧的是，田野调查期间所观察的四五栋新建房屋都是采用了钢筋水泥主体结构，外部才饰以木板，以保持古壮寨民居文化的特色。在住房的内部，龙脊古壮寨民众普遍购置有彩电、洗衣机、电冰箱、电磁炉等家用电器，而且还装饰以瓷砖、吊灯等素材，成为较为现代化的农家乐旅馆。在交通方面，2000 年，古壮寨修通了前往和平圩的简易公路；2010 年，简易公路升格为柏油路面，直通和平乡政府所在地，不少农户已经购买了摩托车、三轮车、面包车等现代化交通工具。

随着对外交通条件的改善，不仅生产生活必需品成为龙脊民众外出采购的大宗，即或是以前较少向外购买的火砖、杉木、钢筋水泥等建房材料，也可以大量向外采购了。外部输入建材的增多，可以使龙脊古壮寨民众在建房时少砍伐一些森林；外部输入种子、化肥等生产物资的增多，提高了单位粮食产量，给一些山地的退耕还林提供了可能；外部输入食品的增多，降低了梯田、旱地粮食生产的不可或缺程度，使一些山地得以顺利退耕还林。可以说，龙脊古壮寨内外的物质循环，不仅丰富了龙脊古壮寨民众的物质文化生活水平，而且降低了对当地生态系统的压力，为生态重建提供了坚实的保障。

（二）内外能量流动支持生态重建

所谓"能量"，即"做功的能力"。能量有光能、热能、化学能、力学能等，各种形态的能量可以互相转换，但不能增多也不能减少。此外，一种能量向其他能量形式转化的时候，一部分将转变为不可利用的热能。在作为生态学系统构成要素的各种生物之间、生物与非生物之间出现的能量流动，称为"能量流"。[①]生态系统内部的能量流动主要是在非生物世界和生物世界之间流

---

① 参阅［日］口藏幸雄：《能量和营养——生态系统中人类集团的基础研究》，载［日］秋道智弥等编著：《生态人类学》，范广融、尹绍亭译：《生态人类学》，云南大学出版社，2006 年版，第 29 页；又可参阅［美］唐纳德·L. 哈德斯蒂所著：《生态人类学》一书的第三、第四章。

动，然后生物世界的生产者、消费者和分解者之间又再进行次一级的能量交换。非生物世界包含范围也比较广泛，涉及为太阳能所驱动的整个系统，有机和无机的物质以及诸如温度、光、风、湿度和降雨等自然因素。

如前所述，龙脊梯田文化生态系统包含有五个子系统：森林生态子系统、梯田生态子系统、河谷水循环子系统、辅助生业子系统和村寨文化子系统。在这些子系统内部和相互之间进行着种类繁多的能量交换。要精确地追踪构成要素之间的所有的能量流动，那是不可能的。因此，只能围绕所关心的龙脊壮族村民整体来展开研究。具体而言，就是要推算龙脊壮族村民和他们直接利用的生态系统构成要素（动植物和其他非生物资源）之间交换的能量。也就是说，要搞清楚龙脊村民群体为了生存，从什么样的资源获得能量，群体内部是怎样利用这些能量的。此外，还必须考虑和其他人类集团之间的能量交换。就龙脊壮族村民群体而言，他们利用的能量不仅仅是食物能，还应包括畜力能（用于农耕、运输）、燃料能（用于做饭、取暖和各种内燃机）和水能（用于碾米）。然而，根据实际的调查，在能量流的研究方面，由于计量和测定的困难，除很少数的例子外，是无法精确计算出来的，只能用一些描述性的语言来定性地加以考察。

整个系统最基本的能量来源于太阳光能，而太阳光能是无法为植物所吸收的，只是通过热能的中介形式来吸收。通过森林生态子系统、梯田生态子系统和辅助生业子系统内的绿色植物转化吸收，形成可供野生动物、畜禽以及人类利用的有机物质和能量，最终输入进村寨文化子系统。如森林生态子系统提供燃料、建材、野菜、肉类、花果和生活用水；梯田生态子系统提供稻米、鱼虾、水芹菜、饲料等；辅助生业子系统提供玉米、红薯、木薯、大豆以及种类繁多的蔬菜产品和猪肉、牛肉等动物性食品。森林、土地等各种不同的资源为龙脊壮族村民提供了丰富的能量，其中既有能量丰富的动植物食品，也有包含能量较少的蔬菜等食品。当然，人们还从森林中获得了大量的燃料，它们或直接被用以提供热量，或被用以炊煮食物。村寨文化子系统又通过其特有的方式发挥着调节和控制整个系统的功能，不断地把植物固定的太阳能和有机物质变为自身的输入能量，以维持村寨文化子系统的发展；同时，它通过输出人力、畜力等辅助功能，使梯田生态子系统、森林生态子系和辅助生业子系统保持稳定，持续地提供其所需的物质和能量。时至今日，村寨文化子系统在整个系统中的作用越来越突出，特别是随着化肥、农药的应用，村寨输入系统中的化学能量日益增多，这样整个能量系统的原有平衡就被打破了。

在此，笔者要特别强调的是，外部输入在整个系统的能量流动中发挥了不可或缺的作用。随着商品经济的发展和龙脊村日益的对外开放，外来的能量输入也越来越大。首要的表现是电能的大量输入：20 世纪 90 年代以前，龙脊古壮寨民众主要从森林生态子系统获得炊事、取暖用能；20 世纪 90 年代以后尤其是 2000年以来，龙脊古壮寨民众购买了电饭锅、电磁炉等炊事设施，不仅给妇女做饭提供了方便，而且也在很大程度上增加了地方的电能输入。为了解龙脊古壮寨民众电能使用情况，我们分别对多位村民进行了访谈：LYZ 家一个季度大约缴纳电费 200 多元，每月70 元左右，依春夏电价 0.45 元/度来算，每月大约用电 156 度。PTF 家炊事主要用电和煤气，春夏时期电费低，每月大概缴纳 40多元电费，大约用电 90 度。在 PYL 家，笔者看到沼气导管已经脱节，于是问起炊事用能，答曰："现在主要用电。"其次的表现就是液化石油气的应用：在龙脊古壮寨，不少人家如今已应用了液化石油气，一般用来炒菜和洗澡。在 LYZ 家，我亲眼观察到两个液化石油气钢瓶，一个用来供应燃气灶炒菜，另一个用来供应热水器洗澡。在 PTF 家，发现的液化石油气钢瓶也有两个，用途基本一样。从总体上来看，笔者所到访的龙脊古壮寨的所有农户，都安装了电灯，购买了电饭锅，添置了电视机，甚至有不少农户还购买了多个电磁炉、燃气灶和钢瓶。

图 5 - 3　房东家的液化石油气设备

　　如此看来，自从 20 世纪 90 年代初以来，龙脊古壮寨从外部获得的日常生活用能一直在持续不断的增加当中，其中最为突出的就是电能和化学能。外部能量输入不但减轻了龙脊古壮寨民众的砍柴负担，更重要的是，它还减少了能源性木材砍伐，降低了对区域生态系统的压力，给生态重建提供了能源支持。

　　（三）内外信息反馈支持生态重建

　　信息反馈是近来生态系统研究必须考察的重要内容之一，不少生态人类学家纷纷就信息的流通与反馈作出自己独特的研究。拉帕波特探讨了仪式作为控制开关的角色，它可以自动地调试人口与资源之间的关系。当然这个论断还没有被完全检验，但有证据表明"宗教活动首先是人类社会信息过程的一个组成部分"。[1] 麦科凯（Mackay）曾经暗示道，只有当我们把发送者和接收者视作目标既定的、自我适应的系统时，语义问题才能包含在信息理论之内。[2] 按照这个观点，一个有机体如果要展演既定的全部节目，并且按照当前的环境状态有一个选择性的被组织过程，就必须经常做工作去更新逻辑意义上的信息系统。如果一个人把信息界定为那些执行逻辑性工作以把有机体转向更好的处理行为，于是信息在这个意义上就可被测量。被测量的不是大量的习得的东西，而是逻辑关系的建立。在这样的信息观念之下，认知和评估恰好包括在模式之内。人类系统是自我组织的——也就是说，能够接受新信息的输入，并且因组合了新旧信息而发展出独特的组织次序。既然环境显现出稳定的和周期性的特质，有着一系列认知情形的个人在决定哪条路线是最可能成功的时候可以使用概率的概念。

龙脊梯田文化生态系统作为一种独特类型的生态系统，整个系统内部的信息流动才是更为主要的，对维系整个梯田文化生态系统的存续与发展，维持龙脊壮族传统文化都具有突出的功能。龙脊村内的信息流通途径和方式很多，当然人群之间的传递还是最为重要的，不少时候人们聚集在一起交流各种思想和对事情的处理，他们就这样一传十、十传百地把有效信息在整个村寨中传递下去，使得大部分的民众都相当地理解。当然，这里我们也不能不顾拉帕波特的信息研究传统，而应该像他一样就仪式与信息之间的关系展开分析。按照拉帕波特的说法，仪式通过把复杂的

---

① Roy Rappaport, The Sacred in Human Evolution. *Annual Review of Ecology and Systematics*, 1977, Vol. 2, p25.

② Emilio F. Moran, *Human Adaptability: An Introduction to Ecological Anthropolog*. p18.

类似信息和程度信息转化成简单的数字信号，从而减少了歧异性。一般来说，宗教仪式可以强化群体价值，让个人摒弃他们的自私，从而加入到社会群体的主流中去。仪式是一个"昂贵的"文化投资，但是它通过为适应提供明确的价值信息来作出偿还。① 龙脊村的仪式实践也在一定程度上扮演了这种角色，每年的二月社、六月六和八月社，廖家、侯家都会举行相应的仪式来祈求或感谢神灵的保佑。在仪式的过程中，全体廖姓人家结合在一起，而全体侯姓人家也结合在一起，这样不仅强化了姓氏内部的团结，更重要的是维持了龙脊的公益事业。但同时，如此之类的仪式都表明了同一类信息：请神灵恩赐我们"五谷、人丁、六畜兴旺，永世廪盈"。②

　　不过，由于龙脊古壮寨长期以来和外部保持着必要的政治经济联系，特别是新中国成立后大量接受来自外部的信息，其中不少是与整个系统密切相关的。20世纪90年代前，由于受到国家政策的严重制约，加之人口数量的不断增加，整个系统曾经一度出现非常严重的紊乱状态。在这一过程中，地方政府推行"以粮为纲"的错误政策，故龙脊古壮寨所收到的信息总体上都是围绕"向山要粮"、"人有多大胆，地有多高产"等内容的。进入20世纪90年代以后，地方政府逐渐清晰地认识到：粮食生产并不是唯一的出路，林业生产也是带动民众致富的有效途径。同时，面对连年不断的旱灾，龙脊古壮寨民众自身也开始反思他们以往的毁林开荒等行为，自觉地接受外来的绿化造林、禁止乱砍滥伐、保护生态环境等生态恢复与重建的思想。时至今日，龙脊古壮寨与外部世界的信息反馈已经进入到空前发达的时代：首先，

---

　　① Emilio F. Moran, *Human Adaptability: An Introduction to Ecological Anthropolog.* p18.

　　② 引自龙脊侯家寨莫一大王庙顶梁所书的吉祥语。

信息传递的媒介更为多样，也更能显示其效力。目前，龙脊古壮寨民众基本上都购买了电视，安装了卫星接收器，绝大多数的家庭都有了电话和手机，各种信息不再像以前那样通过村民会议来传达，民众在日常生活中可以通过多种手段来了解与自身密切相关的信息。其次，信息传递的内容更加丰富，也更能支持生态重建。国家制定沼气、水源林保护、退耕还林、生态公益林等政策以后，龙脊古壮寨民众首先就可以通过收看电视节目实现一定程度的了解，掌握了初步信息，才可能结合龙脊古壮寨的实际向地方政府争取有关权益。如廖家寨原五组组长 LYZ，他跟 LZY 在和平开会时，打听到乡里有一个种笋的项目。由于廖家山上有笋苗，而且还有几百亩的山地可以用来播种，于是他们组织村民参与，最终种植毛竹 400 亩。后来，每亩得到了 50 元的补助，总计 2 万元。如此一来，不仅廖家民众得到了实惠，而且也绿化了荒山，还进一步增加了收入。

图 5-4　遍布卫星电视接收器的古壮寨

还必须指出的是，从 20 世纪 90 年代后期开始，龙脊古壮寨的不少青壮年大量外出务工。在走向城市和工厂的过程中，他们开了眼界，见了世面，逐渐认识到自己家乡的民族文化特色，认识到可以通过发展旅游业来脱贫致富，认识到森林和水源之间的依存关系，从总体上增强了自身的生态文明素养。从某种意义上说，外部信息输入加深了当地民众对自身文化特色的认识，增强了生态文明意识，为生态重建提供了思想支持。

综上所述，从系统生态学的视角来看，龙脊古壮寨从创建以来就逐渐形成了一个自成一体的地方性生态系统，虽然历史时期内亦曾与外部世界有着多样化的联系，但到新中国成立后，系统遭受的外部影响更为突出，甚至曾主导了古壮寨民众的生产生活几十年。20世纪90年代初前后，政府开始大张旗鼓地进行生态建设和生态重建。在此过程中，龙脊古壮寨所受外部的影响进一步加大，其根本原因是全球化进程的加快，龙脊古壮寨甚至成为全球旅游产业链条上的一环。因此，毫不夸张地说，龙脊古壮寨的生态重建是在外部世界对其进行物质、能量以及信息支持的基础上才取得巨大成功的。

三、村民外出务工与生态重建

中国，新的"世界工厂"，全球第二大经济体。然而，这一系列成就的背后，隐含的是2.4亿多中国农民工的艰辛付出。在当前的中国学术界，主要关注农民工问题的形成机理和他们在城市（流入地）中的权益保障，但对农民工流动对乡村（流出地）所带来的影响的研究相对较少。从生态重建的角度来说，能够针对性地考察农民外出务工对当地生态环境的良性影响的研究成果还比较少。① 不过，通过多次实地调查，我们发现，龙脊古壮寨民众外出务工与区域性生态环境改善之间有着内在的联系，也就是说，劳动力转移在另外一个层面支持了乡村的生态重建。

（一）龙脊古壮寨民众外出务工实况

龙脊古壮寨民众有外出帮工的传统。据20世纪50年代初的调查，由于当时龙脊古壮寨农户普遍较为缺粮，因此他们经常要到村外去帮工，以换取生计所需口粮。春天主要去替人开田、背木头、开纸塘、开屋场、装竹条子；夏天出去帮工的较少，主要工作是打谷子；农历十一月以后的帮工主要是为人背木头、开田、盖房子、砍竹子、拖竹子并装排等。背木头主要是到蓝田堡；收割要跑到碗田和两江去；老年人则到官衙去当零工或木匠，此外，还有一部分人到龙胜去锯木头和开田。②

土地改革以后，家家户户都分到了土地和山林，外出帮工的人员才逐渐少了起来。不过，在20世纪70年代时，龙脊古壮寨的民众为了维持生计，有时会派一些年轻人员到外地去挣钱，然后交一定数量到集体。对这段往事，平段寨潘瑞贵老人至今还记忆犹新：

1970年，生产队抽几个去外面弄点钱，规定一年交300块。由于我会背木头、砌墙，所以参加了外出弄钱的队伍。我们翻过大山，去到灵川东江河，有时背木头，有时候做瓦工。我一共去了2年：第一年我向队里交了300块；第二年我砌墙水平大大提高，非常整齐，看上去就像刀切一样，结果工钱挣得也比较多，

---

① 比如新近见刊的田翠琴、赵乃诗：《农民工对流出地的生态环境影响研究》，载《文史博览》（理论）2010年第12期，第62—66页。

② 中央访问团（中南区）第一分团联络组编：《龙胜县南区龙脊村壮族社会调查》，载《广西解放初期少数民族社会调查选编（1951—1954年）》，广西壮族自治区民族事务委员会，2007年10月编印。

因此当年上交了 350 块，这样可能多得点儿工分，分得多一些粮食。

当然，在改革开放以前，龙脊古壮寨民众都是大集体的成员，能够出去务工的毕竟还是极少数。到 20 世纪 80 年代分田到户之初，龙脊古壮寨民众专心种粮、搞养殖，仍然较少外出务工。只有到了 20 世纪 90 年代以后，随着中国沿海地区的开发，政府对农村经济的干涉也越来越松，才使得龙脊古壮寨民众大量外出务工。

当然，龙脊古壮寨民众何时大量外出务工已不可考。根据我们在龙脊廖家寨的调查，有的早在 1994 年就已经外出了。下面是我们与偶遇的村民廖志儒访谈的实录：

问：没去干活么？

答：现在活不太多，休息一下。

问：哦，以前在寨上都没见过您，是出去打工了吗？

答：是啊，我从 1994 年外出打工，主要到福建、广东去。前几年，工资每月才 1000 多元。现在每天工价上涨很多了，一般 100 多元，有时活多了可以达到两三百元。

问：那您在福建、广东都是做什么工作？

答：在福建台江那边主要是进厂子，帮助制造皮鞋。后来嫌钱少，才到广东去，做胶合板制造，工资也增加了很多。

问：那您现在为什么回来啦？

答：因为寨上有人起房子，需要去帮工。而且，再过一段时间，也要收割稻谷了。

问：这么说来，您不能常年待在外面？

答：是啊，一年中只能在外面做半年工。

问：是不是很多人一起去打工？

答：是啊，寨子里的年轻人大都出去啦。在家里待着，没那么多钱用。现在做人情花费很大的。①

从上面的访谈来看，龙脊古壮寨民众主要是到福建、广东一带打工，但由于寨子里经常有人起房子，他们必须参与"打背工"，故而亦不能在外安心打工，不得不时时回寨参与人情礼往活动。与之相类似，面对笔者询问廖家村民外出务工的问题时，房东如此讲道：

前几年（就是你以前来的那时间），寨里人在外打工的比较多，不少人到桂林、南宁从事建筑、制板行业。我以前就曾到南宁那边的板厂去打工，村里面当时有好几十个人在那边，主要做胶合板。现在，村里外出打工的仍然还比较多，像在桂林，寨里就有好几个人从事建筑行业，每天可收入100多元。在板厂干活的，大多转移到贺州去了。那里兴建了许多新的板厂，像对门的侯家夫妇就在那里打工。另外，在北京打工的也有好几个，据说从事快餐的买卖。②

在龙脊古壮寨的另一端，笔者访问了平段寨的潘瑞贵老人，他讲述道：

我们这个队，青壮年全部出去打工了，剩下的都是老人、妇女和孩子。你不去打工不行啊，在家里面呆着，没得收入的。现在开支很大，农村做人情每年都要两三千元。像我们家，只有两个老人家在屋。大儿子在和平帮忙，大孙仔夫妇在学校教书，二

---

① 2011年9月8日于龙脊村廖家风雨桥访谈廖志儒记录。
② 2011年9月5日访谈龙脊村廖家廖云春记录。

孙仔在乡政府工作，孙媳在县里打字，只有大儿媳在家。二儿子去年到福州打工，媳妇在家做农活，他们的娃仔也去广东从事木地板制造方面的工作了。①

这样看来，龙脊古壮寨民众外出务工是一个十分普遍的现象。他们外出务工的目的地不仅有广西区内的桂林、南宁等之类的区域性中心城市，而且也有外省市的工厂林立的沿海开放城市。

对龙脊古壮寨民众外出务工的人员数量，一直难有精确的数字。不过，据笔者 2006 年 8 月 22 日对龙脊村潘庭芳老支书的访谈：

> 2005 年，全村有 120 多人出去打工，大部分往广东，广西也有。一般年轻的出去了，有的两公婆一起去。已经结婚的要带身份证、结婚证，没结婚的要办未婚证。主要是从事服务业和进工厂。起码文化程度都在初中毕业以上。主要目的就是为了去挣钱。现在村里的稻田，老人家在屋里头能做就做，不能做就荒了。一般女的就嫁到城市去了。我二仔和儿媳一起去了福建，在皮鞋厂工作，两人工资每月近 3000 元。

由此看来，龙脊古壮寨外出务工的人数常年在 120 人左右。值得注意的是，这个数字还仅仅是指那些到外地去的民众，并没有包括那些在附近的小型加工厂做工和在和平街上做生意的人。为什么龙脊古壮寨民众这么热衷于出外务工呢？他们难道不懂"在家千般好，出外一时难"吗？

事实上，龙脊古壮寨民众外出务工的确有着很深刻的社会背

---

① 2011 年 9 月 3 日访谈龙脊村平段潘瑞贵老人记录。

景：首先，沿海地区的开放开发，需要劳动力的支持，而龙脊古壮寨民众一般文化程度不高，属于"廉价劳动力"，可以满足皮鞋厂、板厂等劳动密集型产业发展的需要；其次，龙脊古壮寨民众的生产资源和空间仍然有限，再加上国家极力推进生态修复，因此必须要找到更多的财路才能够维持日常所需。对此，侯家寨的侯建刚老人说的话非常清晰地表明了这一道理："我们龙脊总是出外打工的，经济蛮困难的。莫讲饭也不要买，莫讲养猪，总要有得苞米给它吃。现在总是老人家在屋做活的，娃仔们都出去打工了。"[①] 再次，龙脊古壮寨内部"礼物的流动"十分重要而且频繁，这就需要每家每户都必须预备大量的金钱来参与这一难以逃避的"钱网"。在龙脊古壮寨，举凡满月酒、结婚、做寿、老人去世、起房子等，莫不办酒，因此花费甚多。比如我们所访谈的 LZR，2010 年做人情花费多，较大的 3 次分别是外家起房子、妻弟结婚宴和满月酒，每次 3000 元，其他邻里往来，每次也不少于 100 元，一年下来，花费近两万元。笔者在龙脊古壮寨调查时，也经常封红包去凑凑热闹。有一次，有几位村民买了一辆车，竟然也办起了酒，请了三四十人来庆贺。

（二）外出务工是生态重建的重要保障

在自然科学界，已经有学者开始重视劳动力转移对抑制水土流失的积极效用。韦杰、贺秀斌对三峡库区的研究提出：农村大量的劳动力进入城市挣钱，这种劳动力转移可以减少对库区土地生产的压力，从而减少侵蚀产沙的可能性，但大量劳动力转移后农村剩下的劳动力紧缺，致使劳动力成本提高，又给水土保持工程的实施带来一定的负面影响。[②] 不过，我们认为，农村劳动力

---

① 2006 年 8 月 27 日田野日记。报道人时年 65 岁，隶属侯家寨第七村民小组。

② 韦杰、贺秀斌：《三峡库区农村劳动力转移对水土保持的影响》，载《中国水土保持》2010 年第 10 期，第 18—20 页。

转移的确对地方性生态系统的修复有着很明显的促进作用，它可以在很大程度上降低水土流失的严重程度。而所谓的负面影响，与之相比仅仅是次要的，完全可以通过增加资金、充分调动在家劳动力的积极性等方式来解决。结合到龙脊古壮寨，当地民众的大量外出务工，对该区域内生态系统的修复与重建起到了相当重要的作用。具体而言，又可以从直接贡献和间接影响两个方面来深入分析：

从直接贡献上来看，大量村民外出务工不仅减少了粮食和柴薪用量，更重要的是，直接降低了地方性生态系统的压力，为生态修复与重建提供了重要保障。根据有关统计材料，龙脊古壮寨外出务工人数达到总人口数的15%左右，如果再加上在外工作、读书的大中专毕业生和在校学生，估计可以给梯田文化生态系统降低20%的生态压力。对此，我们可以从以下三方面进行认识：（1）外出务工的主要是青壮年劳动力，这些农业劳作支柱的外出，在家的老弱妇幼难以承担全部耕地的生产工作，因此不得不放弃一些梯田或山地的耕作，导致少量田地抛荒，从而减少了地表的扰动程度，有利于生态系统的修复。（2）不论是龙脊古壮寨的梯田，还是星罗棋布的旱地，都是在海拔较高的山岭上开辟的。外出务工降低了本地的粮食需求，因此不仅可以减少开荒情况的发生，而且还可以实现坡度较大地方的退耕还林，同样会减少地表的扰动，并且会增加森林覆盖率，直接推动了区域性的生态修复与重建。（3）劳动力外出以后，本身不再依赖本地燃料，并且他们的外出会减少或终止在家村民的养殖计划，因此必然会降低能源性木材消耗，减少森林资源的砍伐，直接推动了生态系统的修复。

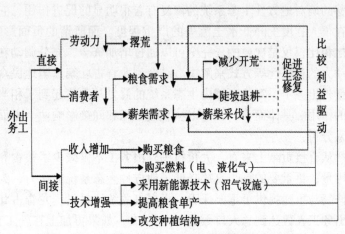

图 5-5 外出务工对生态重建的积极效应示意图①

从间接影响上来看，龙脊古壮寨民众大量外出务工以后，他们在外面的工资收入远比种养业要高，因此直接带来了家庭经济收入的增加。根据笔者对全寨 30 余户农户的访谈，其中 28 户都有 1 人以上在外务工，每年可给家庭带来工资收入 1—2 万元。比如笔者所入住农户的对面家庭，总共 4 人，2 人在外务工，1 人在南宁读书，仅一位 70 多岁的老太太在家。随着在外务工人员的收入的增加，在比较利益的驱动下，他们回村以后往往倾向于购买猪肉、烧酒以及速食品等各类食品，同时在外务工的年轻人为了方便、快捷，往往会采用电饭锅、电磁炉或煤气灶等设施做饭，减少了对当地柴薪的需求。当然，由于外出务工者在外见了大世面，他们回村以后，往往会对村里形成信息反馈，将新品种

① 此处参考了韦杰、贺秀斌：《三峡库区农村劳动力转移对水土保持的影响》（《中国水土保持》2010 年第 10 期）一文的"农村劳动力转移对侵蚀产沙影响的途径"示意图，并根据龙脊古壮寨的具体情况进行了修正。

或新的种植信息传达进来，进而能够提高单位面积的粮食产量，最终降低了种植粮食的土地的面积，为退耕还林、生态修复提供了可能性条件。

中国科学院地理学家许炯心根据嘉陵江北碚站的数据建立了年产沙量与已转移的乡村劳动力数量占乡村劳动力总数百分比、农村人均纯收入和农村人均购买燃料支出之间的多元回归方程，并估算出上述 3 个变量的变化对年产沙量变化的贡献率分别为 36.00%、21.59% 和 42.41%。[①] 根据许氏的该项研究，笔者发现：河流的泥沙量与外出务工人数、人均纯收入和人均购买燃料支出是负相关关系。结合龙脊古壮寨的具体案例，外出务工人数从 20 世纪 90 年代中后期一直保持在较高水平，基本上村中的青壮年劳动力都到广西区内外从事制造业、建筑业以及服务业去了；同时，外出务工极大地增加了农民的人均纯收入，有些家庭的务工工资收入已经占据了大头，成为家庭经济的支柱；此外，外出务工者手中有钱以后，不再乐意从事砍伐柴薪类的繁重农作，改用电或液化气炊事，提高了燃料支出的比例。从许氏的研究中可以推论出，龙脊古壮寨的劳动力外出务工，从多个方面直接减少了泥土的侵蚀，对水土保持有促进作用，是对整个地方性生态系统修复与重建工作的巨大支持。

四、把握地方与全球的多样联系

在本章中，虽然研讨的是龙脊古壮寨的生态重建，但笔者却清晰地发现：即或是南岭走廊一个在地理位置上非常偏僻的小村庄，其生态修复与重建的历史进程，都与外部世界存在着千丝万

---

① 许炯心：《农村社会经济因素变化对嘉陵江产沙量的影响》，载《山地学报》2006 年第 4 期，第 385—394 页。

缕的联系。在生态重建的过程中，龙脊古壮寨民众不仅从外部大量购置化肥、农药、种子、树苗、食品等物品，而且还引进了电、液化石油气等替代性能源，直接支持了山村的生态重建的实施。与此同时，受全球性资源配置格局的影响，龙脊古壮寨青壮年民众在比较利益的驱动下，大量外出从事劳动密集型产业，直接减轻了地方性生态系统的日常供给压力，保障了生态重建能够取得实效。因此，如今的龙脊古壮寨已经不是传统意义的山村，它是全球性资源配置体系的一个节点，与整个中国乃至世界的产业布局都有着密切的联系。

其实，本章的研究力图"在地方场景中发现全球性"①，这在一定程度上切合了美国人类学家马库斯（George E. Marcus）所提出的"多点民族志"研究方法。马库斯认为，在全球化时代，民族志文本有两种构建模式：一是"多点民族志"，作为一种理想的现实主义民族志实验，民族志作者通过连续性的叙事和共时的效果在一个单一文本中来表现多重的、随机相互依存的场所，并通过发生于多个场所中的预期的和非预期的结果相互连接在一起；二是策略性选点的民族志，它是"多点民族志"的折中版本，即民族志作者围绕一个策略性选定的地点来建构文本，而将体系作为背景，并始终认识到，在一个设定了边界的对象事件中，体系是其文化生活整体的构成因素。② 1996 年，马库斯进一步完善了他关于多点民族志的设想，并将之明确定位为"世界体系的民族志"。在这篇影响深远的论文中，马库斯提出，虽然多点民族志是一种描绘地带的练习，但它的目标并非全面体现世

---

① Daniel Miller, eds. *Worlds apart*: *Modernity through the Prism of the Local*. London: Routledge, 1995, pp. 1–22.

② ［美］乔治·E. 马库斯：《现代世界体系中民族志的当代问题》，载［美］詹姆斯·克利福德，乔治·E. 马库斯编：《写文化——民族志的诗学与政治学》，商务印书馆，2006 年版，第 215—217 页。

界体系作为整体的民族志肖像。相反，它声称世界体系中一个文化形成的民族志也是体系的民族志，因此难以在传统的单点背景的民族志研究中被理解。对民族志来说，并不存在地方—全球相对的全球，它只是探讨多点民族志中多点之间联系的维度。[①] 其实，严格说来，多点民族志并非是强调选择更多的田野点，其最根本的内涵是强调地方—全球、此处—彼处、乡村—城市、边缘—核心等不同场域的多种多样的内在联系。

更为直接地说，本章研究从环境人类学相关著述中获益良多。美国环境人类学家盖棕（Lisa L. Gezon）非常重视从地方生态事实中观察全球性，她甚至以"在地方发现全球性"为主标题对马达加斯加北部的环境抗争进行政治生态学的分析，试图找出抗争背后隐含的地方与全球之间的层级关系。[②] 2005 年，盖棕出版了集大成的《全球视野，地方景观》一书。在该书的导论中，盖棕论述道："尽管我最初的兴趣在于研究保全的全球话语和保护区管理对所在地民众的影响，但我逐渐发现，仅仅聚焦于公园—民众之间的关系是远远不够的。相反，必须要从更广阔的背景来进行理解。地方事件持续地重新界定和挑战土地使用的全球性方法。"不难看出，盖棕的研究也有一个循序渐进的过程。她逐渐抛弃了那种把地方与全球空间孤立化区分的观点，而倾向于认为全球性只是地方性的一个方面。也就是说，人们在任何既定的地方，必然只能在政策、职权、社会关系和物质清醒的限度内行动。而"地方性决策的制定并不是在真空状态下进行的，相反，它经常要受到非地方因素和话语的影响……地方的、区域

① George E. Marcus. Ethnography in/of the World System: The Emergence of Multi - Sited Ethnography. *Annual Review of Anthropology*, 1995, vol. 24, pp. 95 - 117.

② Lisa L. Gazon. Finding the Global in the Local: Environmental Struggles in Northern Madagascar. In Susan Paulson, Lisa L. Gazon. eds, *Political Ecology across Spaces*, *Scales*, *and Social Groups*. New Brunswick: Rutgers University Press, 2005, pp. 135 - 153.

的、国家的和国际的或全球的层次的职权会在对既定资源进行决策时相交叉"。① 在与帕尔森合作的著述中，盖棕正确地提出："地方—全球相互关系的理解指出了研究地方的重要性，它不仅体现在农村或边缘的空间，而且也体现在权力决策作用下的空间，如会议室、立法机关和信息空间，这些实际上存在的社群的决策影响着地方上的人们"。② 盖棕的观点重新赋予了人类学田野研究以合法性，是对长期以来人类学民族志反思的一种具体回应。

综上所述，无论是从笔者个人的个案研究，还是从人类学的理论发展来看，民族志田野工作都必须要把握好地方与全球之间的多样性联系。唯有如此，才能够真正贯彻人类学全貌观，毕竟，这种充分关注地方—全球复杂关系的理论视角，本质上只是人类学全貌观的一种具体体现。

① Lisa L. Gezon. *Global Visions, Local Landscapes: A Political Ecology of Conservation, Conflict, and Control in Northern Madagascar.* Lanham, UK: Altamira Press, 2006, pp. 8 – 9.

② Susan Paulson, Lisa L. Gazon. eds, *Political Ecology across Spaces, Scales, and Social Groups.* New Brunswick: Rutgers University Press, 2005, p10.

第六章　结语：不确定的未来

　　作为当今人类社会最重要的生态实践之一，生态重建无疑是全球性的，其社会参与程度应该是广泛的。然而，为数众多的生态重建决策和实践，仅仅是依据某些恢复生态学的理论为依据来进行的，基本上没有考虑到生态重建本身所涉及的人文社会因素。其实，人作为社会性的动物，必然深受其所处的社会文化背景的深刻影响。从该意义上来说，生态重建决策和实践必须要考虑所涉的政治、经济以及文化等人文社会因素。本项研究以南岭山区的一个壮族村寨为个案，探讨生态重建过程中所涉及的政治、知识以及外部动力等多方面的因素，可算是一个初步的尝试。平心而论，龙脊古壮寨的生态重建只是西部民族地区的一个缩影，它甚至算不上典型案例。但我们要指出的是，只有这样的案例才能够表明中国西部绝大多数农村所处的生态现实，才能够就生态重建本身提供更一般的讨论。

　　通过这一非典型案例的研究，我们不难得出结论：生态重建是一项系统工程，它的参与方是多元的，甚至涉及更远的地方和社区。国家所推行的沼气推广、退耕还林等工程对生态重建有一定的积极效用，与此同时，龙脊古壮寨的生态重建是在外部物质、能量和信息的辅助下才实现的，而且龙脊壮族村民的大量外出务工事实上极大地减轻了地方性生态系统的压力，为生态重建提供了坚实的基础。虽然龙脊古壮寨的生态重建在过去的20多年间已经取得了明显实效，但不可否认的是，随着龙脊古壮寨民族旅游的进一步开发，生态环境保护事业将面临十分严峻的挑战，其未来走向将变得更加扑朔迷离。

首先，新生态学研究已经证实，自然界是复杂的、不确定的，自然的平衡并不存在，或者保守地说，所谓生态系统的平衡只是一种动态的、长时段内的相对均衡。不平衡论的突现使学术界产生了一定程度的混乱，刺激了一股经验性考察的思潮，使学者们转而聚焦于生态系统在时空上的复杂性、多样性和不平衡动力的变迁。这样的新生态学不仅为自然科学工作者所欢迎，也给社会科学研究者们带来新的思维方式。比如时空多样性的理念不仅超越了简单的平衡假设论，而且延伸到了更为宽广而复杂的动力、不确定性和突变性之中。更为重要的是，动力过程的揭示在系统分析中导致了跨越等级制度的非线性联系，进入到了从小规模点到更宽广景观空间的生态过程的理解。① 从这样的思维角度出发，联系到龙脊区域生态史，我们就会发现：虽然龙脊古壮寨的地方性生态系统在相当长的历史时期内处于相对均衡的状态，但突发性、偶然性的自然灾难过去亦曾经发生过，并不存在一个完全平衡的生态系统。既然如此，生态重建所追求的生态系统的良性运转，将很有可能要面对突发性的灾难事件。这些灾难事件有一定的人为因素影响，但更多的是自然本身周期性运转的结果，充满了不可预见性。

其次，虽然旅游产业是朝阳产业，但它却基于对龙脊古壮寨地方性生态系统的开发利用。对龙脊古壮寨这样的社区来说，地方性生态系统的承载力是一定的，旅游者数量的增多必然会增加地方性生态系统的压力。自从 2010 年龙脊古壮寨联结 321 国道的柏油路面修通以后，桂林龙脊旅游有限公司开始把古壮寨作为它们旅游收入的新的增长点，并且还在古壮寨投资兴建了餐馆和

---

① I. Scoones. New Ecology and the Social Sciences: What Prospects for a Fruitful Engagement? *Annual Review of Anthropology*. 1999 (28): 481–496.

宾馆。据不完全统计，平均每月有三四千人到古壮寨参观，有的还在当地的农家旅馆住宿。按照旅游公司的安排，2011年国庆黄金周期间，三四万人到古壮寨旅游。由于龙脊古壮寨不仅有气势磅礴的梯田风光，而且有着独具特色的壮家干栏文化，因此其旅游发展的潜力是巨大的。在旅游产业发展的过程中，会产生诸多不利于生态恢复与重建的因素：一方面，外来游客的大量进入，需要在当地就餐、住宿，而当地所能供给的水、粮食等资源是有限的，即或是粮食可以通过从外部购入来解决，而水则必然会成为古壮寨旅游发展的短板，毕竟该区域内所能供给的水量是基本稳定的，而且还必须有很大一部分投入到梯田生产中去，如果旅游餐饮、住宿等消耗掉大量的水资源，梯田生产很可能无以为继；另一方面，由于面临旅游产业发展的机遇，外出务工人员大量回村，无形中会增加地方性生态系统的压力。更为令人忧心的是，面临旅游业发展的良好前景，古壮寨很多农户期望通过发展农家旅馆致富，开始到山上砍伐杉木、毛竹等建材，掀起了新一轮建房高潮。在笔者2011年9月实地调查期间，发现古壮寨近两三年新建的房屋数十栋，在建的房屋10多栋，甚至于还亲眼观察到起房子的盛况。可以预见的是，在不久的将来，赴龙脊古壮寨旅游的游客将会大大增加。如果游客数量仍在其地方性生态系统的弹性限度之内，那么整个地方性生态系统的良性运行将可以维持；反之，可能会给龙脊古壮寨地方性生态系统带来崩塌性的风险。

再次，从生态重建本身来看，各级政府的生态重建决策并没有具体的"参照生态系统"（reference ecosystem），而仅仅是一种笼统的指向。按照恢复生态学的陈述，生态修复与重建的目的是通过自然的或人工的手段使受损的生态系统恢复到原初状态（亦即"自然状态"）。社会科学的研究已经表明，并不存在一个独立于人类文化之外的"自然"，或者说，所谓的"自然"其实存在着很大程度的文化建构成分。① 在人类学家比尔萨克看来，我们如今通常所谓的"自然"其实是"第二自然"，"社会化自然"或"人文化自然"，它其实是话语和活动的副产品。"第二自然"是马克思和恩格斯所采用的术语，对他们来说，"第一自然"指的是原处的、原始的、独立于人类之外的；与之相反，"第二自然"是经由人类活动转型而来的。简单地说，"第二自然"就是人文性的翻版。② 无独有偶，历史生态学家们早已经指出，几乎每一个地方——非洲、亚洲以及美洲——人们已经以这样或那样的方式砍烧了几乎热带的每一个地方。这些被生态学家们假定数百万年未变迁和未触及的森林，却被历史生态学家们发现散布着陶器的碎片、木炭以及古代庄稼地的遗存。③ 因此，目前历史生态学家基本形成了一致的理论假设：实际上地球上的所有环境已经受到包括更广泛意义上的所有人属在内人类活动的影响。④ 这样看来，并不存在独立于人类活动之外的"自然状态"。与本书的生态重建主题结合起来看，人类所能恢复的只能是他们自己所认为的"原初状态"，而不可能再造"第一自然"。令人尴尬的是，由于所要进行生态重建的地方并没有详尽的历史资

① Roy Ellen. Introduction. In Roy Ellen and Katsuyoshi Fukui, eds. *Redefining Nature*: *Ecology*, *Culutre and Domestication*. Oxford: Berg, 1996; Philippe Descola and Gísli Pálsson, eds. *Nature and Society*: *Anthropological Perspectives*. London: Routledge, 1996.

② Aletta Biersack. Reimagining Political Ecology: Culture/Power/History/Nature. In Aletta Biersack and James B. Greenberg, eds. *Reimagining Political Ecology*. Duke University Press, 2006, pp. 3 –40.

③ Thomas N. Headland. Revisionism in Ecological Anthropology. *Current Anthropology*, 1997, 38 (4): 608. 中文版参见付广华译：《生态人类学中的修正主义》，载《世界民族》2009 年第 2 期。

④ William Balée. Historical Ecology: Premises and Protulates. In William Balée, eds. *Advances in Historical Ecology*. New York: Columbia University Press, 1998, pp. 13 –29; William Balée. The Research Program of Historical Ecology. *Annual Review of Anthropology*. 2006 (35): 75 –98.

料，我们甚至不能够把握最终要重建成什么样子，以至于仅仅植树造林、固土保水了事。

不确定的未来，有可能是好的，但也有可能是坏的。对社会科学家们来说，他们更担心未来出现的各种难以预料的风险或灾难。人类学家较早介入风险方面的研究，它们对人类如何处理风险提出了很多有价值的理论意见。早在 1972 年，英国著名人类学家道格拉斯就以《环境处于风险中》为题撰写论文，提出工业社会对环境风险的关心与许多其他社会对仪式污染的恐惧具有类似的功能。① 后来，道格拉斯接着撰写了《风险与文化》、《风险与责任》等一系列的理论著述，完善了她的"风险文化"理论。在道格拉斯看来，社会结构的变迁可以归结为三种不同的风险文化共同作用的结果：倾向于把社会政治风险视为最大风险的等级制度主义文化；倾向于把经济风险视为最大风险的市场个人主义文化；倾向于把自然风险视为最大风险的社团群落之边缘文化。其中，等级制度主义文化和市场个人主义文化构成了社会的主流和中心，而社团群落之边缘文化对前两者构成威胁，并导致社会结构走向混乱不堪的无组织状态。② 受道格拉斯等人风险文化研究的启发，德国著名社会学家贝克提出了"风险社会"的概念。③ 为什么现代社会有如此多的风险？贝克认为，工业社会所造成的不确定性是其根源。虽然不确定性并不必然造成混乱或

---

① Mary Douglas. Environments at Risk. In Jonathán Benthall, eds. *Ecology, the Shaping Enquiry: A Course Given at the Institute of Contemporary Arts.* London: Longman, 1972, pp. 129 – 145.

② Mary Douglas and Aaron Wildavsky. *Risk and Culture: An Essay on the Selection of Technological and Environmental Dangers.* Berkley: Univesity of Califonia press, 1983; Mary Douglas. *Risk and Blame: Essays in Culutral Theory.* London: Routledge, 1992.

③ ［德］乌尔里希·贝克著，何博闻译：《风险社会》，译文出版社，2004 年版；《风险社会再思考》，载《马克思主义与现实》2002 年第 4 期。

灾难，甚至还可以成为创造性的一个来源，亦即成为允许意外情况和实验新事物的理由。在世界风险社会中，没有外部，只有一个统一反应的全球共同体，因此我们必须创造一个共同的世界，终结"全球他者"（the global other），让公众、专家和政治家们充分参与决策过程，而不只是由专家和决策者们关起门来进行协商。① 针对道格拉斯和贝克对社会风险的不同阐释，英国文化学家拉什进行了比较和鉴别。在拉什看来，风险社会这一概念先假定在一个社会中有一个公众关注的热点和难点，并且通常把它称之为社会的焦点，先假定有一个确定的、制度性的、规范的治理范围，并且每一位单个的社会成员为了他们的实际利益需要有一个等级秩序。与之相反，风险文化并没有假定一个确定的秩序，而是假定有一个需要通过自然调节的非确定性的无序状态。在风险文化时代对社会成员的治理方式不是依靠法规条例，而是依靠一些带有象征意义的理念和信念，因为风险文化中的社会成员宁可要平等意义上的混乱和无序状态，也不要等级森严的定式和秩序。② 其实，不论是从社会的角度去考察风险，还是从文化的视角去阐释风险，我们最终都要面对现代世界风险。人类已经进入信息时代，新的风险和危险正从信息、生物技术、通讯和软件等领域中生发出来。随着现代社会中风险的种类和形式也在进行不断地自我翻新，风险社会的时代终将成为过去，我们将要迎来的是风险文化的时代。伴随风险文化时代而来的不再是小规模的恐惧和焦虑，人类将不再是通过理性的精确计算和颇具规范性的假定来排除风险，而只是通过具有象征意义的运作方式，特别是通

① ［德］贝克、［中］邓正来、沈国麟：《风险社会与中国》，载《社会学研究》2010 年第 5 期。

② ［英］斯科特·拉什著，王武龙编译：《风险社会与风险文化》，载《马克思主义与现实》2002 年第 4 期。

过具有象征性的理念和信念来处理好涉及风险文化的各种问题。①

具体到本书所讨论的生态环境领域，环境风险始终是人类社会不得不面对的一项重大挑战，因为环境安全是"最终的安全"。② 在社会发展的现阶段，西方发达国家已经进入信息社会，它们已经形成了生态环境治理的程序和办法，而且它们可以通过世界政治经济体系的运转从不发达国家和地区那里获得资源，故其自身所面临的环境问题局势有所缓和；与之相反，世界上还有很多国家和地区正处于前工业化或工业化进程之中，局部地区的环境问题层出不穷，生态灾变和自然灾难频繁发生。因此，在全球范围内加强环境管制，实现国家之间的有效合作，共同解决人类社会面临的严峻的环境问题，无疑是现阶段所有国家和地区的明智选择。

其实，面对普遍的人类生存危机和生态环境风险，生态学家们不可避免地深受触动，提出了一些处理生态系统复杂性和不确定性问题的思路。早在 20 世纪 70 年代，加拿大著名生态学家霍林（C. S. Holling）就提出，生态系统并不总是平衡的、静止的，而是动态的、倾向于不平衡的。③ 对一个社会生态系统来说，弹性、适应性和可转换性这三大因素共同决定着其未来的发展轨迹。弹性，即一个系统吸收干扰和遭遇变迁时继续保持同样功能、结构、特性和反馈的能力；适应性，即在管理系统时人为因素影响弹性的能力；可转换性，即当生态的、经济或社会的因素

---

① ［英］斯科特·拉什著，王武龙编译：《风险社会与风险文化》，载《马克思主义与现实》2002 年第 4 期。

② ［美］诺曼·迈尔斯著，王正平、金辉译：《最终的安全：政治稳定的环境基础》，上海译文出版社，2001 年版。

③ C. S. Holling. Resilience and Stability of Ecological Systems. *Annual Review of Ecology & systematics*, 1973. 4：1 - 223.

致使现存系统不堪一击时创造一个新系统的能力。[①] 作为一个地方性的社会生态系统，龙脊古壮寨梯田文化生态系统的存续，必须要考虑到系统的弹性、适应性和可转换性。为此，我们必须采取一些适当的策略：首先，要了解地方或区域生态系统的细节，对照性地查找减弱系统弹性和适应性的因素。对龙脊古壮寨梯田文化生态系统来说，我们首先要分析清楚整个文化生态系统的运转细节，确定森林和水是该地方性生态系统的中心环节。为了增加梯田文化生态系统的弹性，就需要保证森林覆盖率的稳定，保障生产生活用水与水资源供给的平衡。因此，在采伐林木和砍伐柴薪之后，一定要及时地予以补植，力争实现小范围内的植被重建。其次，要注意实现适应性管制和适应性管理相结合，并适时做出调整。适应性管制是在一个社会系统创造适应性和可转换性的过程；而适应性管理是可持续发展的基础，它受适应性管制的制约。对龙脊古壮寨来说，我们的国家和社会要保障社区在资源控制上的中心地位，不要用行政命令干涉龙脊古壮寨民众正常的生产活动；对那些减弱系统弹性的民众行为，可以采用经济杠杆或利用社区组织予以纠正，保证社区民众能够根据生态系统运行情况适时作出调整和转换。

① Brian Walker, C. S. Holling, Stephen R. Carpenter, and Ann Kinzig. Resilience, adaptability and transformability in social - ecological systems. *Ecology and Society*, 2004, Vol. 9, No. 2.

参考文献

一、方志典籍

［1］（清）北洋机器总局图算学堂：《广西舆地全图》，国家图书馆藏光绪三十三年石印本。

［2］（宋）范成大撰，孔凡礼点校：《范成大笔记六种》，中华书局，2002年版。

［3］广西林业年鉴编委会：《广西林业年鉴：1950—2003》，广西人民出版社，2008年版。

［4］广西壮族自治区地方志编纂委员会：《广西通志·林业志》，广西人民出版社，2001年版。

［5］（清）黄海修，蒋若渊、蒋本丽纂：《兴安县志》，清乾隆五年刊本复印本。

［6］（清）黄宅中、张镇南修，邓显鹤纂：《宝庆府志》，中国地方志集成影印本。

［7］龙胜各族自治县地名领导小组办公室：《广西壮族自治区龙胜各族自治县地名录》，1986年。

［8］龙胜各族自治县林业局：《龙胜各族自治县林业志》，1999年。

［9］龙胜县志编纂委员会：《龙胜县志》，汉语大词典出版社，1992年版。

［10］（清）苏凤文：《广西全省地舆图说》，国家图书馆藏

同治五年刻本。

[11]（清）谢沄修：《义宁县志》，台湾成文出版社据道光元年抄本影印本。

[12]（清）周诚之：《龙胜厅志》，台湾成文出版社影印本。

二、中文论著

[1] 包满喜：《内蒙古草原生态重建及实践格局展望》，载《内蒙古师范大学学报》（哲学社会科学版）2007 年第 3 期，第 27—31 页。

[2] 蔡运龙：《中国西南岩溶石山贫困地区的生态重建》，载《地球科学进展》1996 年第 6 期，第 602—606 页。

[3] 陈秋华：《退耕还林绿了八桂大地　富了壮乡百姓》，载《中国绿色时报》，2009 年 11 月 6 日。

[4] 陈育宁：《宁夏南部山区生态重建报告书》，载《西北民族研究》2003 年第 1 期，第 85—92 页。

[5] 陈育宁主编：《绿色之路：宁夏南部山区生态重建研究》，中国社会科学出版社，2004 年版。

[6] 成官文、王敦球、秦立功、孔运铎、严启坤、秦国辉：《广西龙脊梯田景区生态旅游开发的生态环境保护》，载《桂林工学院学报》2002 第 1 期，第 94—98 页。

[7] 樊登、粟冠昌等：《龙胜各族自治县龙脊乡壮族社会历史调查》，载广西壮族自治区编辑组：《广西壮族社会历史调查（第一册）》，广西民族出版社，1984 年版。

[8] 费孝通：《关于广西壮族历史的初步推考》，载《费孝通民族研究文集》，民族出版社，1988 年版。

[9] 费孝通：《瑶山调查五十年》，载《费孝通文集（第十卷）》，群言出版社，1999 年版。

［10］付广华：《试论壮族乡约制度的功能：以龙脊十三寨为例》，载《广西民族研究》2005 年第 1 期，第 103—115 页。

［11］付广华：《关于开展壮学生态研究的设想》，载《广西民族研究》2007 年第 1 期，第 83—87 页。

［12］付广华：《龙脊梯田文化的生态人类学考察》，桂林：广西师范大学硕士学位论文，2007 年。

［13］付广华：《生态环境与龙脊壮族村民的文化适应》，载《民族研究》2008 年第 2 期，第 38—46 页。

［14］付广华：《外来生态知识的双重效用——来自广西龙胜县龙脊壮族的田野经验》，载《中南民族大学学报》（人文社会科学版）2010 年第 3 期，第 54—58 页。

［15］付广华：《试论壮族乡约制度的起源与特色——以广西龙脊壮族为个案》，载《广西民族研究》2010 年第 4 期，第 140—143 页。

［16］傅荣寿等编著：《广西农村能源史》，南宁：广西民族出版社，1993 年版。

［17］广西民族研究所编：《广西少数民族地区石刻碑文集》，广西人民出版社，1982 年版。

［18］广西农业地理编写组：《广西农业地理》，广西人民出版社，1980 年版。

［19］广西文革大事年表编写小组：《广西文革大事年表》，广西人民出版社，1990 年版。

［20］广西壮族自治区编辑组：《广西少数民族地区碑文、契约资料集》，广西民族出版社，1987 年版。

［21］郭立新：《为了 ran 的延存：桂北龙脊两可继嗣、婚姻与关系称谓》，载魏捷兹编：《云贵高原的关系称谓》，台北：台湾清华大学人类学研究所，2000 年版。

［22］郭立新：《打造生命：龙脊壮族竖房活动分析》，载

《广西民族研究》2004 年第 1 期，第 36—42 页。

[23] 郭立新：《荣耀的背后：广西龙背壮族丧葬仪式分析》，载《中南民族大学学报》（人文社会科学版）2005 年第 1 期，第 57—61 页。

[24] 郭立新：《天上人间——广西龙胜龙脊壮族文化考察札记》，广西人民出版社，2006 年版。

[25] 洪涛：《作为一种文化现象的科学技术》，载《武汉交通科技大学学报》（哲学社会科学版）1997 年第 1 期，第 53—56 页。

[26] 黄钰：《龙脊壮族调查》，载覃乃昌主编：《壮侗语民族论集》，广西民族出版社，1995 年版。

[27] 黄志强：《加快广西承接东部产业转移的战略思考》，载《创新》2009 年第 1 期，第 50—53 页。

[28] 胡锦涛：《高举中国特色社会主义伟大旗帜 为夺取全面建设小康社会新胜利而奋斗》，北京：人民出版社，2007 年版。

[29] 李贵德、罗剑朝：《西部生态重建中农民生态行为初步分析》，载《生态经济》2007 年第 1 期，第 309—315 页。

[30] 李献德：《试论龙胜山区“以林为主，林粮牧结合”的生产方针》，载《广西农业科学》1980 年第 9 期，第 12—16 页。

[31] 李亦园：《人类的视野》，上海文艺出版社，1996 年版。

[32] 梁宝谓：《“大跃进”中的广西三大高产“卫星”》，载《广西党史》2002 年第 2 期，第 26—27 页。

[33] 梁光商主编：《水稻生态学》，农业出版社，1983 年版。

[34] 梁庭望：《花山崖壁画——祭祀蛙神圣地》，载《中南

民族学院学报》（社会科学版）1986年第2期，第46—51页。

［35］梁庭望：《壮族文化概论》，广西教育出版社，2000年版。

［36］梁钊韬：《关于中国民族学教学内容的设想》，载《梁钊韬民族学、人类学研究文集》，民族出版社，1994年版。

［37］廖杨：《民族地区贫困村寨参与式发展的人类学考察——以广西龙胜龙脊壮寨旅游开发中的社区参与为个案》，载《广西民族研究》2010年第1期，第45—50页。

［38］龙胜各族自治县民族局：《龙胜红瑶》，广西民族出版社，2002年版。

［39］罗海波、钱晓刚、刘方、何腾兵、宋光煜：《喀斯特山区退耕还林（草）保持水土生态效益研究》，载《水土保持学报》2003年第4期，第31—34页。

［40］罗康隆、黄贻修：《发展与代价：中国少数民族发展问题研究》，民族出版社，2006年版。

［41］吕大吉、何耀华主编：《中国各民族原始宗教资料集成：土家族卷、瑶族卷、壮族卷、黎族卷》，中国社会科学出版社，1998年版。

［42］米文宝等：《生态恢复与重建评估的理论与实践：以宁夏南部山区退耕还林还草工程为例》，中国环境科学出版社，2009年版。

［43］潘其旭、覃乃昌主编：《壮族百科辞典》，广西人民出版社，1993年版。

［44］潘绍山、潘鸿钧主编：《龙胜壮族草根诗词选》，龙胜老年大学、龙胜桑江诗词学会，2009年印。

［45］覃彩銮：《壮族自然崇拜简论》，载《广西民族研究》1990年第4期，第46—53页。

［46］覃彩銮：《论壮族文化的自然生态环境》，载《学术论

坛》1999 年第 6 期，第 115—119 页。

[47] 任海、彭少麟：《恢复生态学导论》，科学出版社，2001 年版。

[48] 苏维词、朱文孝、滕建珍：《喀斯特峡谷石漠化地区生态重建模式及其效应》，载《生态环境》2004 年第 1 期，第57—60 页。

[49] 谭云开、潘宝昌：《民国时期龙胜县政始末见闻》，载《龙胜文史》1986 年第 2 辑。

[50] 田翠琴、赵乃诗：《农民工对流出地的生态环境影响研究》，载《文史博览（理论）》2010 年第 12 期，第 62—66 页。

[51] 韦纯束等主编：《当代中国的广西》（上），当代中国出版社，1992 年版。

[52] 韦道恕：《兴安县韦氏壮族的由来》，载《兴安文史资料》1986 年第 1 辑。

[53] 韦杰、贺秀斌：《三峡库区农村劳动力转移对水土保持的影响》，载《中国水土保持》2010 年第 10 期，第 18—20 页。

[54] 乌峰、包庆德主编：《蒙古族生态智慧论：内蒙古草原生态恢复与重建研究》，沈阳：辽宁民族出版社，2009 年版。

[55] 吴文新：《科学技术应该成为上帝吗？——对一种纯粹科技理性的人学反思》，载《自然辩证法研究》2000 年第 11 期，第 8—12 页。

[56] 萧葆璃：《七十团第一营参与龙胜一隅平猺经过》，载广西壮族自治区编辑组：《广西瑶族社会历史调查》（第四册），南宁：广西民族出版社，1986 年版。

[57] 辛燕：《对西部地区承接产业转移中的生态伦理问题若干思考》，载《特区经济》2010 年第 5 期，第 205—207 页。

[58] 徐大佑、陈劲松：《西部生态重建模式的比较研究》，

载《经济纵横》2007年第10期，第20—22页。

[59] 徐赣丽：《民族和谐共生关系的实证研究——基于对广西龙脊地区的调查》，载《广西民族研究》2011年第1期，第76—81页。

[60] 许炯心：《农村社会经济因素变化对嘉陵江产沙量的影响》，载《山地学报》2006年第4期，第385—394页。

[61] 徐琪等：《中国稻田生态系统》，中国农业出版社，1998年版。

[62] 杨树喆：《建设龙脊壮族文化生态村研究》，载《广西民族研究》2002年第3期，第79—86页。

[63] 杨庭硕：《论地方性知识的生态价值》，载《吉首大学学报》（社会科学版）2004年第3期，第23—29页。

[64] 杨庭硕、田红：《本土生态知识引论》，民族出版社，2010年版。

[65] 佚名：《黎梅松局长接受新华社记者采访实录》，载《广西林业》2001年第1期，第8页。

[66] 张新时：《关于生态重建和生态恢复的思辨及其科学涵义与发展途径》，载《植物生态学报》2010年第1期，第112—118页。

[67] 张一民、何英德：《龙胜各族自治县部分地区社会历史调查》，载《广西地方民族史研究集刊》（第三集），广西师范大学历史系、广西地方民族史研究室，1984年印。

[68] 赵冈：《中国历史上生态环境之变迁》，中国环境科学出版社，1996年版。

[69] 赵如锋主编：《建设和谐广西山歌》，作家出版社，2006年版。

[70] 钟朝荣等：《兴安县两金区瑶族社会历史调查》，载广西壮族自治区编辑组：《广西瑶族社会历史调查》（第四册），广

西民族出版社，1986年版。

[71] 中央访问团（中南区）第一分团联络组：《龙胜县南区龙脊村壮族社会调查》，载《广西解放初期少数民族社会调查选编（1951—1954）》，广西壮族自治区民族事务委员会，2007年印。

[72] 周大鸣、吕俊彪：《资源博弈中的乡村秩序——以广西龙脊一个壮族村寨为例》，载《思想战线》2006年第5期，第44—51页。

[73] 周大鸣、范涛主编：《龙脊双寨：广西龙胜各族自治县大寨和古壮寨调查与研究》，知识产权出版社，2008年版。

三、中文译著

[1] ［美］阿图罗·埃斯科瓦尔著，叶敬忠等译：《遭遇发展：第三世界的形成与瓦解》，社会科学文献出版社，2011年版。

[2] ［美］埃里克·沃尔夫著，赵丙祥等译：《欧洲与没有历史的人民》，上海人民出版社，2006年版。

[3] ［英］安东尼·吉登斯著，田禾译：《现代性的后果》，南京：译文出版社，2000年版。

[4] ［德］贝克、［中］邓正来、［中］沈国麟：《风险社会与中国》，载《社会学研究》2010年第5期，第208—231页。

[5] ［美］杜赞奇著，王福明译：《文化、权力与国家：1900—1942年的华北农村》，江苏人民出版社，2004年版。

[6] ［法］福柯著，严锋译：《权力的眼睛——福柯访谈录》，上海人民出版社，1997年版。

[7] ［美］约翰·博德利著，周云水译：《人类学与当今人类问题》，北京大学出版社，2010年版。

［8］［美］约翰·范德弥尔、伊薇特·波费托著，周沛郁、王安生译：《生物多样性的早餐：破坏雨林的政治生态学》，台北：绿色阵线协会，2009 年版。

［9］［英］凯·米尔顿：《多种生态学：人类学，文化与环境》，载《国际社会科学杂志》1998 年第 2 期，第 35—54 页。

［10］［英］凯·米尔顿著，袁同凯、周建新译：《环境决定论与文化理论》，民族出版社，2007 年版。

［11］［日］口藏幸雄：《能量和营养——生态系统中人类集团的基础研究》，载［日］秋道智弥等编著，范广融、尹绍亭译：《生态人类学》，云南大学出版社，2006 年版。

［12］［法］列维－斯特劳斯著，李幼蒸译：《野性的思维》，北京：商务印书馆，1987 年版。

［13］［美］马格林著，卜永坚译：《农民、种籽商和科学家：农业体系与知识体系》，载许宝强、汪晖选编：《发展的幻象》，北京：中央编译出版社，2000 年版。

［14］［美］马文·哈里斯著，李培茱等译：《文化人类学》，北京：东方出版社，1988 年版。

［15］［美］诺曼·迈尔斯著，王正平、金辉译：《最终的安全：政治稳定的环境基础》，上海译文出版社，2001 年版。

［16］［美］乔治·E.马库斯：《现代世界体系中民族志的当代问题》，载［美］詹姆斯·克利福德，乔治·E.马库斯编《写文化——民族志的诗学与政治学》，商务印书馆，2006 年版。

［17］世界环境与发展委员会著，王之佳、柯金良等译：《我们共同的未来》吉林人民出版社，1997 年版。

［18］［英］斯科特·拉什著，王武龙译：《风险社会与风险文化》，载《马克思主义与现实》2002 年第 4 期，第 52—63 页。

［19］［美］汤姆斯·N.海德兰著，付广华译：《生态人类学中的修正主义》，载《世界民族》2009 年第 2 期，第 40—

45 页。

　　[20]［美］唐纳德·L．哈德斯蒂著，郭凡、邹和译：《生态人类学》，文物出版社，2002 年版。

　　[21]［德］乌尔里希·贝克著，何博闻译：《风险社会》，译文出版社，2004 年版。

　　[22]［德］乌尔里希·贝克著，郗卫东译：《风险社会再思考》，载《马克思主义与现实》2002 年第 4 期，第 46—51 页。

　　[23]［美］詹姆斯·C．斯科特著，王晓毅译：《国家的视角：那些试图改善人类状况的项目是如何失败的》，社会科学文献出版社，2004 年版。

四、档案文献

　　[1]《廖姓宗支部》，藏龙脊古壮寨廖贻壮家。

　　[2]《潘姓宗支部》，藏龙脊古壮寨潘瑞贵家。

　　[3]廖国、廖仕贵：《溶江蕉林、新寨及龙脊廖家宗族简史》，藏龙脊古壮寨廖兆干家。

　　[4]侯庆英：《侯氏族谱》，1997 年印，藏龙脊古壮寨侯晓平家。

　　[5]廖忠群主编：《廖家古壮寨史记》，2010 年印，藏龙脊古壮寨廖贻壮家。

　　[6]《（龙脊村第十组灾情）报告（1985 年 10 月 19 日）》，藏龙脊村委会办公室。

　　[7]《龙胜各族自治县林业改革方案（试行）（龙政发〔1988〕146 号）》，藏龙脊村委会办公室。

　　[8]《关于鼓励开新田、修复水毁田的暂行规定（龙政发〔1989〕105 号）》，藏龙脊村委会办公室。

　　[9]《龙脊村党支部、龙脊村公所．封山育林公约（1989 年

7 月 15 日)》，藏龙脊村委会办公室。

　　[10]《关于加速造林绿化的补充决定（龙发〔1990〕27号)》，藏龙脊村委会办公室。

　　[11]《关于下达一九九一年营林生产计划及其规定的通知（龙政发〔1990〕105 号)》，藏龙脊村委会办公室。

　　[12]《龙胜县和平乡龙脊村一九九〇年目标责任状（1990年 2 月 27 日)》，藏龙脊村委会办公室。

　　[13]《龙胜各族自治县援助贫困地区发展资金项目合同议定书（1990 年 3 月 15 日)》，藏龙脊村委会办公室。

　　[14]《龙胜各族自治县援助贫困地区发展资金项目合同议定书（1990 年 4 月 18 日)》，藏龙脊村委会办公室。

　　[15] 龙脊村公所：《龙脊村九〇年工作总结（1991 年 1 月4 日)》，藏龙脊村委会办公室。

　　[16]《龙胜各族自治县垄稻栽培重点村责任状（1992)》，藏龙脊村委会办公室。

　　[17] 龙脊村公所：《关于划定封山育林区的请示报告（1992 年 8 月 28 日)》，藏龙脊村委会办公室。

　　[18] 龙脊村公所：《龙脊村绿化造林工作情况的报告（1992 年 11 月 5 日)》，藏龙脊村委会办公室。

　　[19] 龙胜各族自治县档案馆，全宗号：52；目录号：12；案卷号：9；成文时间：1947 年。

　　[20] 老支书潘庭芳笔记（1988—2005 年）。

五、外文论著

　　[1] Agrawal, Arun. Indigenous and scientific knowledge: Some critical comments. Indigenous Knowledge and Development Monitor, 1995, 3 (3).

[2] Agrawal, Arun. Dismantling the divide between indigenous and scientific knowledge. Development and Change, 1995, 46 (3).

[3] Alvales, Claude. Science. In Wolfgang Sachs eds. The Development Dictionary: A Guide to Knowledge as Power. London: Zed Books Ltd, 1992: 227 - 228.

[4] Balée, William. Historical Ecology: Premises and Postulates. In William Balée, eds. Advances in Historical Ecology. New York: Columbia University Press, 1998: 13 - 29.

[5] Balée, William. The Research Program of Historical Ecology. Annual Review of Anthropology. 2006, 35 (1).

[6] Bates, Daniel G. Human Adaptive Strategies: Ecology, Culture and Politics. Boston: Allyn and Bacon, 1998.

[7] Baviskar, Amita. Comment on "Analyses and Interventions: Anthropological Engagements with Environmentalism." Current Anthropology, 1999, 40 (3).

[8] Berkes, Fikret. Traditional Ecological Knowledge in Perspective. In Julian. T. Inglis eds. Traditional Ecological Knowledge: Concepts and Cases. Canada: International Development Research Centre, 1993.

[9] Berkes, Fikret. Sacred Ecology: Traditional Ecological Knowledge and Resource Management. Taylor & Francis, 1999.

[10] Biersack, Aletta. Introduction: from the "New Ecology" to the New Ecologies. American Anthropologist, 1999, 101 (1).

[12] Biersack, Aletta. Reimagining Political Ecology: Culture/Power/History/Nature. In Aletta Biersack and James B. Greenberg, eds. Reimagining Political Ecology. Duke University Press, 2006: 3 - 40.

[13] Blaikie, Piers and Harold Brookfield. Land Degradation and Society. London: Methuen, 1987.

[14] Bourdieu, Pierre. Language and Symbolic Power. Cambridge, MA: Harvard University Press, 1981.

[15] Bradshaw, Anthony D. & Michael J. Chadwick. The Restoration of Land: The Ecology and Reclamation of Derelict and Degraded Land. Berkley: University of California press, 1980.

[16] Bryant, Raymond L. 1997. The Political Ecology of Forestry in Burma, 1824 – 1994. Honolulu: University of Hawai' i Press.

[17] Bryant, Raymond L. & Sinéad Bailey. 1997. Third World Political Ecology. New York: Routledge.

[18] Brosius, J. Peter. Analyses and Interventions: Anthropological Engagements with Environmentalism . Current Anthropology, 1999, 40 (3) .

[19] Brosius, J. Peter. Reply to Comments on " Analyses and Interventions: Anthropological Engagements with Environmentalism" . Current Anthropology, 1999, 40 (3) .

[20] Cordell, John. Review of Traditional Ecological Knowledge: Wisdom for Sustainable Development (ed. Nancy M. Williams, Graham Baines) . Journal of Political Ecology. 1995, 2 (1) .

[21] Cunningham, G. Storm. The Restoration Economy. San Francisco: Berrett – Koehlor Publishers, Inc. , 2002.

[22] Descola, Philippe. Constructing natures: Symbolic ecology and social practice. In: Philippe Descola and Gísli Pálsson. eds. Nature and Society: Anthropological perspective. London: Routledge, 1996: 82 – 102.

[23] Descola, Philippe and Gísli Pálsson, eds. Nature and Society: Anthropological Perspectives. London: Routledge, 1996.

［24］Douglas, Mary. Environments at Risk. In: Jonathán Benthall, eds. Ecology, the Shaping Enquiry: A Course Given at the Institute of Contemporary Arts. London: Longman, 1972: 129 – 145.

［25］Douglas, Mary. Risk and Blame: Essays in Culutral Theory. London: Routledge, 1992.

［26］Douglas, Mary & Aaron Wildavsky. Risk and Culture: An Essay on the Selection of Technological and Environmental Dangers. Berkley: Univesity of Califonia press, 1983.

［27］Dove, Michael R. & Carol Carpenter. eds. Environmental Anthropology: a Historical Reader. Malden, MA. : Blackwell Publishing, 2008.

［28］Egan, Dave & Evelyn A. Howell, eds. The Historical Ecology Handbook: A Restorationist' s Guide to Reference Ecosystem. Washington D. C. : Island Press, 2001.

［29］Ellen, Roy. Introduction. In Roy Ellen and Katsuyoshi Fukui, eds. Redefining Nature: Ecology, Culutre and Domestication. Oxford: Berg, 1996.

［30］Ellen, Roy, Peter Parkes and Alan Bicker. Indigenous Environmental Knowledge and its Transformations. Hardwood Academic Publishers, 2000.

［31］Ellen, Roy, and Holly Harris. Introduction. In Roy Ellen, Peter Parkes, Alan Bicker, eds. Indigenous Environmental Knowledge and its Transformations . Hardwood Academic Publishers, 2000.

［32］Escobar, Arturo. Comment on "Analyses and Interventions: Anthropological Engagements with Environmentalism. " Current Anthropology, 1999, 40 (3) .

［33］ Gezon, Lisa L. Finding the Global in the Local: Environmental Struggles in Northern Madagascar. In Susan Paulson, Lisa L. Gazon. eds, Political Ecology across Spaces, Scales, and Social Groups. New Brunswick: Rutgers University Press, 2005: 135 –153.

［34］ Gezon, Lisa L. Global Visions, Local Landscapes: A Political Ecology of Conservation, Conflict, and Control in Northern Madagascar. Lanham, UK: Altamira Press, 2006.

［35］ Gobster, Paul H. and R. Bruce Hull. eds. Restoring Nature: Perspective from the Social Sciences and Humanities. Washington D. C. : Island Press, 2000.

［36］ Gobster, Paul H. & R. Bruce Hull. Restoring Nature: Continuing the Conversation. Ecological Restoration, 2001, 19 (4) .

［37］ Greenberg, James B. & Thomas K. Park. Political ecology. Journal of Political Ecology, 1994, 1 (1) .

［38］ Hall, Marcus. Earth Repair: A Transatlantic History of Environmental Restoration. Charlottesville: University of Virginia Press, 2005.

［39］ Hall, Marcus. eds. Restoration and History: The Search for a Usable Environmental Past. New York: Routlledge, 2010.

［40］ Headland, Thomas N. Revisionism in Ecological Anthropology. Current Anthropology, 1997, 38 (4) .

［41］ Higgs, Eric. What is Good Ecological Restoration? Conservation Biology, 1997, 11 (2) .

［42］ Higgs, Eric. Nature by Design: People, Natural Process, and Ecological Restoration. Cambridge: The MIT Press, 2003.

［43］ Higgs, Eric. The Two – Culture Problem: Ecological Restoration and the Integration of Knowledge. Restoration ecology, 2005,

13 (1) .

［44］Holling, C. S.. Resilience and Stability of Ecological Systems. Annual Review of Ecology & systematics, 1973. 4 (1) .

［45］Holtzman, Jon. The Local in the Local: Models of Time and Space in Samburu District, Northern Kenya. Current Anthropology, 2004, 45 (1) .

［46］Hornborg, Alf. Comment on "Analyses and Interventions: Anthropological Engagements with Environmentalism. " Current Anthropology, 1999, 40 (3) .

［47］Hunn, Eugene. What is traditional ecological knowledge? In: Nancy M. Williams, Graham Baines, eds. Traditional ecological knowledge: Wisdom for Sustainable Development. Centre for Resource and Environmental Studies. Australian National University, 1995.

［48］Hunn, Eugene. The ethnobiological foundation for traditional ecological knowledge. In Nancy M. Williams, Graham Baines, eds. Traditional Ecological Knowledge: Wisdom for Sustainable Development. Centre for Resource and Environmental Studies. Australian National University, 1995.

［49］Huntington, Henry P. Using traditional ecological knowledge in science: Methods and applications. Ecological Applications, 2000, 10 (5) .

［50］Inglis, Julian T. eds. Traditional Ecological Knowledge: Concepts and Cases. Canada: International Development Research Centre, 1993.

［51］Ingold, Tim. Culture and the perception of the environment. In E. Croll and D. Parkin eds. Bush Base, Forest Farm: Culture, Environment and Development. London: Routledge, 1992.

［52］Ingold, Tim. The Perception of the Environment. London:

Routledge, 2000.

[53] Johannes, Robert Earle eds. Traditional Ecological Knowledge: A Collection of Essays. International Union for Conservation of Nature and Natural Resources, 1989.

[54] Jordan Ⅲ, William R. , & Michael E. Gilpin, John D. Aber. Restoration Ecology: A Synthetic Approach to Ecological Research. New York: Cambridge University Press, 1987.

[55] Jordan Ⅲ, William R. & George M. Lubick. Making Nature Whole: A History of Ecological Restoration. Washington D. C. : Island Press, 2011.

[56] Kalland, Arne. Indigenous knowledge: Prospects and Limitations. In Roy Ellen, Peter Parkes, Alan Bicker, eds. Indigenous Environmental Knowledge and its Transformations . Hardwood Academic Publishers, 2000, pp. 319 – 330.

[57] Kimmerer, Robin Wall. Weaving traditional ecological knowledge into biological education: a call to action. BioScience, 2002, 52 (5) .

[58] Kingsolver, Ann E. Power. In: Alan Barnard & Jonathan Spencer, eds. Encyclopedia of Social and Cultural Anthropology. London & New York: Routlege, 1996.

[59] Knight, John. A Tale of Two Forests: Reforestation Discourse in Japan and beyond. The Journal of Royal Anthropological Institute (N. S.), 1997, 3 (4) .

[60] Kottak, Conrad P. The New Ecological Anthropology. American Anthropologist, 1999, 101 (1) .

[61] Lauer, Matthew and Shankar Aswani. Indigenous Ecological Knowledge as Situated Practices: Understanding Fishers' Knowledge in the Western Solomon Islands. American Anthropologist,

2009, 111 (3).

[62] Lewis, Henry T. Ecological and Technological Knowledge of Fire: Aborigines versus Park Rangers in Northern Australia. American Anthropologist, 1989, 91 (4).

[63] Light, Andrew and Eric Higgs. The Politics of Ecological Restoration. Environmental Ethics, 1996 (18): 227 – 247.

[64] Marcus, George E. Ethnography in/of the World System: The Emergence of Multi – Sited Ethnography. Annual Review of Anthropology, 1995, 24 (1).

[65] Miller, Daniel. eds. Worlds apart: Modernity through the Prism of the Local. London: Routledge, 1995.

[66] Mills, C. Wright. The Power Elite. New York: Oxford University Press, 1956.

[67] Milton, Kay. Environmentalism and Cultural Theory: Exploring the Role of Anthropology in Environmental Discourse. London: Routledge, 1996.

[68] Moller, H. , F. Berkes, P. O. Lyver, and M. Kislalioglu. Combining science and traditional ecological knowledge: monitoring populations for co – management. Ecology and Society, 2004, 9 (3).

[69] Moran, Emilio F. Human Adaptability: An Introduction to Ecological Anthropology. Westview Press, 1982.

[70] Moran, Emilio F. Environmental Anthropology. In David Levinson and Melvin Ember, eds. Encyclopedia of Cultural Anthropology. New York: Henry Holt and Co. , 1996.

[71] O ' Connor, Martin. On the Misadventures of Capitalist Nature. Capitalism, Nature, Socialism, 1993, 4 (3).

[72] Ortner, Sherry B. Theory in Anthropology since the Six-

ties. Comparative Studies in Society and History, 1984, 24 (1).

［73］Paulson, Susan and Lisa L. Gazon. eds, Political Ecology across Spaces, Scales, and Social Groups. New Brunswick: Rutgers University Press, 2005.

［74］Rappaport, Roy. The Sacred in Human Evolution. Annual Review of Ecology & Systematics, 1977, 2 (1).

［75］Rappaport, Roy. Pigs for the Ancestors: Ritual in the Ecology of a New Guinea People. New Haven: Yale University Press, 1984.

［76］Rappaport, Roy. The Anthropology of Trouble. American Anthropologist, 1993, 95 (2).

［77］Robbins, Paul. Political Ecology: A Critical Introduction. Blackwell Publishing, 2004.

［78］Rome, Adam. "Give Eearth a Chance": The Environmental Movement and the Sixties. The Journal of American History, 2003, 90 (2).

［79］Sachs, Wolfgang. Environment and Development: The Story of a Dangerous Liaison. The Ecologist, 1991, 21 (6).

［80］Sachs, Wolfgang. Environment. In Wolfgang Sachs, eds. The Development Dictionary: A Guide to Knowledge as Power. London: Zed Books Ltd, 1992.

［81］Sachs, Wolfgang. Global Ecology and the Shadow of 'Development'. In Wolfgang Sachs, eds. Global Ecology: A New Arena of Political Conflict. London: Zed Books Ltd. , 1993.

［82］Scoones, I. New Ecology and the Social Sciences: What Prospects for a Fruitful Engagement? . Annual Review of Anthropology, 1999, 28 (1).

［83］Shapiro, Judith. Mao's War Against Nature: Politics

and the Environment in Revolutionary China. Cambridge University Press, 2001.

[84] Shebitz, Daniela. Weaving Traditional Ecological Knowledge into the Restoration of Basketry Plants. Journal of Ecological Anthropology, 2005, 9 (1) .

[85] Sillitoe, Paul. The Development of Indigenous Knowledge: A New Applied Anthropology, Current Anthropology, 1998, 39 (2)

[86] Smith, Sheldon. World in Disorder, 1994 – 1995: an anthropological and interdisciplinary approach to global issues. University Press of American, 1995.

[87] Society for Ecological Restoration International Science & Policy Working Group. The SER International Primer on Ecological Restoration. Tucson: Society for Ecological Restoration International, 2004.

[88] Stevenson, Marc G. Indigenous Knowledge in Environmental Assessment. Arctic, 1996, 49 (3) .

[89] Townsend, Patricia K. Environmental anthropology: from pigs to policies. Waveland Press, 2000.

[90] Tsuji, Leonard J. S. & Elise Ho. Traditional environmental knowledge and Western Science: in search of common ground. The Canadian Journal of Native Studies, 2002, 22 (2) .

[91] Vayda, Andrew P. & Roy A. Rappaport. Ecology, Cultural and Non – cultural. In: James A. Clifton, eds. Introduction to Cultural Anthropology. Boston: Houghton Mifflin, 1968, pp. 476 –498.

[92] Vayda, Andrew P. & Bradley B. Walters. Against Political Ecology. Human Ecology, 1999, 27 (1) .

[93] Victor, David G. & Jesse H. Ausubel. Restoring the For-

ests. Foreign Affairs, 2000（6）.

［94］Walker, Brian, C. S. Holling, Stephen R. Carpenter, & Ann Kinzig. Resilience, adaptability and transformability in social - ecological systems. Ecology and Society, 2004, 9（2）.

［95］Warren, Dennis M. The role of indigenous knowledge systems in facilitating sustainable approaches to development: an annotated bibliography. In Glauco Sanga and Gherardo Ortalli, eds. Nature Knowledge: Ethnoscience, Cognition, and Utility. New York. and Oxford: Berghahn Books, 2004.

［96］Warren, Dennis M, L. J. Slikkerveer and David Brokensha, eds. The Cultural Dimension of Development: Indigenous Knowledge Systems. London: Intermediate technology, 1995.

［97］Weeratunge, Nireka. Nature, Harmony, and the Kaliyugaya: Global/Local Discourses on the Human - Environment Relationship. Current Anthropology, 2000, 41（2）.

［98］Wolf, Eric R. Facing Power: Old Insights, New Questions. American Anthropologist, 1990, 92（3）.

［99］塚田誠之:《壮族文化史研究——明代以降を中心として》, 东京: 第一書房, 2000.

六、网络文献

［1］广西林业厅:《广西实施退耕还林工程成效显著》, 国家林业局政府网: http: //www. forestry. gov. cn, 2011 - 07 - 25。

［2］国家林业局:《中国林业与生态建设状况公报》, 中国林业网: http: //www. forestry. gov. cn, 2008 - 01 - 21。

［3］李建新:《中央领导高度评价广西沼气建设成果》广西林业厅外部网站: http: //www. gxly. cn, 2010 - 03 - 12。

　　[4] 佚　名：《龙胜退耕还林取得双效益》，桂林经济信息网：http：//www. gl. cei. gov. cn/，2003 - 01 - 10。

后 记

　　本书是由我的博士论文修改而成，原来的题目叫做《修复自然：一个南岭山村生态重建的人类学研究》。后来，个人觉得主题凝聚得不够好，在多方征求意见之后，改成了当前的书名。在论文的调查、撰写以及书稿修改的过程中，我有幸得到了多方面的帮助和支持。借此机会，我要对他们表示衷心的感谢。

　　感谢在学业上给我指明方向的各位老师：导师杨筑慧教授不以我愚钝，允准列入门墙之内；论文初成时，杨老师正在云南调查，她不辞辛苦，昼夜批阅，大至篇章架构，小及标点符号，都为我指明了修改方向，倾注了诸多心血。正是因为有了杨老师的悉心指导，才有了如今这本小书。感谢白振声、王庆仁、杨圣敏、潘蛟、任国英、张曦、韦景云诸老师的课堂授业，我在他们的讲述中学习到许多专业知识。感谢色音、徐平、丁宏、苏发祥四位老师百忙中抽身参与论文开题，多有疏导之论，令我少走了不少弯路。感谢色音、丁宏、任国英、管彦波、何其敏五位老师冒雨前来参加论文答辩，提出了不少修改意见，对本书的最终成型贡献甚大。感谢历史文化学院苍铭教授对我另眼相看，在京时常得聆听其教诲之言，受益匪浅。此外，覃彩銮、廖杨、廖国一等先生，在与我谈及求学、论文撰写诸事时，常常不厌其烦，多有助益，在此一并谢之！

　　感谢给予我帮助的各位同窗好友：2009 级民族学博士班 19 位兄弟姐妹，待我亲如一家，每当想起这一点，心里就庆幸自己能够成为该集体的一员。其中，侯玉霞君虽远在美国，闻我论文撰写需要英文资料，不惜慷慨解囊购之，拍照相赠。我的同门安静、黄哲、杨柳、赵桅、雷晴岚等，每每与我小聚畅谈，不仅学业有所长进，更增加了深厚的友情。与我有着共同学术兴趣的李霞、王卫平两位同学，常常抽空畅谈交流，所获不可谓不多。有幸住在同一宿舍的陈锋、陈新义两位兄长，以吾年幼，对我多有照料。昔日同窗李务起、苏玉杰、梁洪明等，看到我一个人在北京读书，多有关怀之举，令我十分感动。此外，海路、覃世琦、王东昕、罗强强、吴晓美诸君，亦多有助吾之事，未尝不心怀感激。

感谢我在广西民族问题研究中心的诸位同事：在我赴京求学期间，俸代瑜、黄润柏、陈家柳、刘建平诸位先生，对我多有关爱；韦石纯、韦燕、韦桂古、林御珠、罗柳宁、袁丽红、李士坤诸君，或在公私诸事上给予帮助，或给我以鼓励。感念及此，甚幸加盟广西民族问题研究中心，为我人生之重要一段经历。

由于本书系由我所主持的一项国家课题发展而来，故特此感谢全国社科规划办的资金支持；感谢国家图书馆、中央民族大学图书馆、广西民族问题研究中心文献部的资料支持；感谢龙胜各族自治县民族局、档案局、旅游局、龙脊梯田景区管理处等单位对我调查工作的支持；感谢潘庭芳、潘瑞贵、潘鸿金、廖贻壮、廖琴春、侯荣驱、侯晓平诸龙脊乡亲对田野工作的支持。

感谢中央民族大学"985工程"民族发展与民族关系问题研究中心丁宏主任允准本书纳入博士文库出版；感谢我的导师杨筑慧教授的专家推荐意见；感谢马亮师弟热情、周到的服务；感谢中央民族大学出版社吴云女士的宝贵建议和意见。

感谢我的父母，虽然他们都是没读过书的农民，但他们20多年来一直支持着我的求学之路。辛劳的父母为了我们兄妹三人读书而付出了所有的一切，他们是世界上最伟大的父母中的一分子。感谢我的妻子农进萍，她在本书撰写和修改期间，承担了家务劳动，令我心无旁骛，最终顺利完成书稿的撰写。感谢所有的家人，他们给了我亲情与美好，这一切都是我前进的不竭动力。

　　此外，还有很多需要感谢的机构和个人，恕不能一一列举。正是因为有了他们的支持和帮助，我才得以有如今的修为。然而，我亦深知：我的基础还非常薄弱，研究还不够深入。故本书尚有不足之处，敬祈各位师友赐正。